內行人才知道的
系統設計面試指南

System Design Interview – An insider's guide

關於作者：

Alex Xu 是一位經驗豐富的軟體工程師與企業家。之前他曾在 Twitter、Apple、Zynga 與 Oracle 等公司工作。他擁有卡內基美隆大學的碩士學位。他個人相當熱衷於設計、實作各種複雜的系統。

如果你想在新內容發佈時收到通知，請訂閱我們的電子郵件清單：https://bit.ly/3dtIcsE

若想取得更多資訊，請聯繫 systemdesigninsider@gmail.com

編輯：Paul Solomon

Copyright © 2021 by Alex Xu

Authorized Traditional Chinese language edition of the English original: "System Design Interview – An insider's guide, Second Edition", ISBN 9798664653403 © 2020.

This translation is published and sold with the permission of Byte Code LLC, who owns and controls all rights to publish and sell the original title.

CONTENTS

前言

我們很榮幸和你一起學習「系統設計面試」。在所有技術性面試中，系統設計的面試題目往往最難對付。題目或許會要求受試者設計出一套軟體系統架構，完成一些像是動態訊息、Google 搜尋、聊天系統之類的功能。這種題目感覺蠻嚇人，而且往往沒有固定的模式可循。題目所涵蓋的範圍通常很廣泛，而且又很籠統。處理的方法往往很開放、不會很明確，也沒有所謂標準或正確的答案。

目前有許多公司廣泛採用這種系統設計面試的做法，因為所測試出來的溝通能力與解決問題的技能，與軟體工程師日常工作所需非常類似。只要觀察受試者如何分析這些模糊的問題、看她如何逐步解決問題，就可以對受試者做出評估。這種做法可以測試出來的能力，還包括她如何解釋其構想、如何與他人進行討論、如何對系統進行評估，以及如何進行最佳化。

在英語的文字中，使用「她」（she）總比老是用「他或她」（he or she）來得流暢些，而且也比我們在兩種說法之間變來變去好得多。為了讓各位閱讀時輕鬆一點，本書將統一使用女性的「她」。我們並不是故意不尊重男性工程師喲。

系統設計問題通常是開放式的。就像在現實世界一樣，系統經常存在許多差異與變化。我們希望得到的結果，其實就是提出一套可實現系統設計目標的架構。不同的面試官，也有可能讓討論內容偏向不同的方向。有些面試官可能會選擇比較高階的架構來涵蓋所有面向；有些人則可能選擇其中一個或多個領域來聚焦。一般來說，一開始就應該先好好理解系統的需求、限制與瓶頸，才能找出面試官與受試者共同認可的方向。

本書的目的就是提供一種可靠的策略，以解決各種系統設計問題。正確的策略與知識，對於面試的成功來說至關重要。

本書針對如何打造出具有可擴展性的系統，提供了相當穩固而紮實的知識。你在閱讀本書時獲得越多知識，越有能力解決各種系統設計問題。

關於如何解決系統設計問題，本書還提供了一種逐步解決（step by step）的做法。本書提供了許多範例，並採用一些可依循的詳細步驟，對各種系統化做法做出說明。只要持續不斷練習，你自然而然就有能力解決各種系統設計面試問題了。

使用者人數——從零到百萬規模

設計出一個可支援好幾百萬使用者的系統，相當具有挑戰性，而且這是一個需要不斷完善、不斷改進的過程。我們打算在本章先打造出一個可支援單一使用者的系統，然後再逐步擴大規模，以服務好幾百萬個使用者。閱讀完本章之後，你就可以掌握一些技巧，協助你解決一些系統設計面試問題。

單一伺服器

千里之行始於足下，打造複雜系統也是如此。我們先從簡單的做起，一開始所有東西都只在單一伺服器上執行。圖 1-1 顯示的就是單一伺服器的配置方式，其中所有東西（包括 Web App、資料庫、快取等等）全都在同一個伺服器中執行。

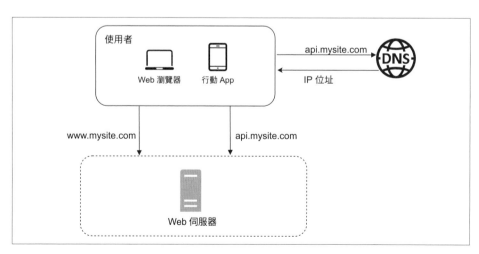

圖 1-1

如果想多瞭解這種配置方式，可以先調查一下請求的流向與流量的來源。
我們先觀察一下請求的流向（圖 1-2）。

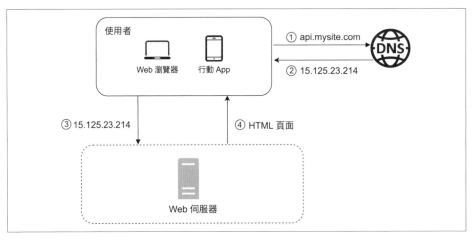

圖 1-2

1. 使用者通常會透過網域名稱（例如 api.mysite.com）來存取網站。
   DNS 通常是採用第三方所提供的服務，而不會放在我們的伺服器
   中。

2. IP 位址會被送回瀏覽器或行動 App。在這裡的範例中，送回來的 IP
   位址就是 15.125.23.214。

3. 一旦取得 IP 位址，接著就會把 HTTP[1] 請求直接發送到你的 Web
   伺服器。

4. Web 伺服器則會送回 HTML 頁面或 JSON 回應，以進行後續的渲染
   （rendering）工作。

接著我們再檢查一下流量的來源。Web 伺服器的流量主要來自兩種不同的
來源：「Web 應用程式」與「行動 App」。

- **Web 應用程式**：伺服端語言（Java、Python 等）負責處理業務邏
  輯、資料儲存等工作，客戶端語言（HTML、JavaScript）則負責呈
  現結果。

- **行動 App**：HTTP 是行動 App 與 Web 伺服器之間經常採用的一種通訊協定。JSON（JavaScript Object Notation；JavaScript 物件標記方式）則由於其本身的簡單性，因而成為資料傳輸時常用的一種 API 回應格式。JSON 格式的 API 回應範例如下：

GET /users/12──檢索出 *id = 12* 的使用者物件

```
{
  "id": 12,
  "firstName": "John",
  "lastName": "Smith",
  "address": {
    "streetAddress": "21 2nd Street",
    "city": "New York",
    "state": "NY",
    "postalCode": 10021
  },
  "phoneNumbers": [
    "212 555-1234",
    "646 555-4567"
  ]
}
```

資料庫

隨著使用者數量的增加，一部伺服器越來越不夠用，因此接下來就要用到多部伺服器：其中一部負責 Web 應用程式 / 行動 App 的流量，另一部則做為資料庫（圖 1-3）。只要把 Web 應用程式 / 行動 App 的流量（Web 層）與資料庫（資料層）切分成兩個伺服器，我們就可以分別獨立進行擴展了。

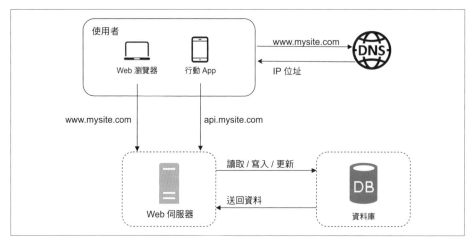

圖 1-3

該使用哪一種資料庫？

你可以在傳統的「關聯式資料庫」與「非關聯式資料庫」兩者之間進行選擇。我們就來看看兩者之間的差異。

關聯式資料庫（Relational database）也稱為「關聯式資料庫管理系統」（RDBMS；relational database management system）或 SQL 資料庫。其中最受歡迎的是 MySQL、Oracle 資料庫、PostgreSQL 等等。關聯式資料庫會把資料儲存在資料表（table）內一行一行（row）的結構之中。你可以透過 SQL 語法，在不同的資料表之間執行 join（聯結）操作。

非關聯式資料庫也稱為 NoSQL 資料庫。其中最受歡迎的就是 CouchDB、Neo4j、Cassandra、HBase、Amazon DynamoDB 等等 [2]。這種資料庫可再分為四類：鍵值（key-value）儲存系統，圖（graph）儲存系統，縱列（column）儲存系統、文件（document）儲存系統。非關聯式資料庫通常並不支援 join（聯結）操作。

對於大多數開發者而言，關聯式資料庫是最佳的選擇，因為這類資料庫已存在超過 40 年，而且從過去的歷史來看，它一直都運作得很好。不過，如果關聯式資料庫並不適合你特定的使用狀況，趁機探索一下關聯式資料庫之外的做法也不錯。對於以下幾種情況來說，非關聯式資料庫有可能是更好的選擇：

- 你的應用程式要求超低延遲（latency）。

- 你的資料是非結構化的，或是你並沒有任何關聯式的資料。

- 你只需要對資料（例如 JSON、XML、YAML 等）進行序列化（serialize）與反序列化（deserialize）的操作。

- 你需要儲存大量的資料。

垂直擴展與水平擴展

垂直擴展（vertical scaling）也稱為「往上擴展」（scale up），指的是針對伺服器添加更多資源或效能（CPU、RAM 等）的一種做法。水平擴展（horizontal scaling）也稱為「往外擴展（scale-out）」，這種做法可透過像是在「資源池」（pool of resources）添加更多伺服器的方式，來達到擴展的效果。

當流量還比較低的時候，垂直擴展是一種不錯的選擇，垂直擴展本身的簡單性就是它主要的優點。不幸的是，這種做法有嚴重的侷限性。

- 垂直擴展有硬體上的限制。我們不可能在單一伺服器中，無上限添加更多的 CPU 與記憶體。

- 垂直擴展並沒有故障轉移（failover）與提供冗餘（redundancy）的效果。如果一部伺服器出現了故障，網站 / App 就完全無法使用了。

由於垂直擴展的侷限性，因此對於大規模的應用而言，水平擴展是一種更加可取的做法。

在之前的設計中，使用者會直接連到 Web 伺服器。Web 伺服器只要一離線，使用者就無法存取該網站了。還有另一種情況是，如果有許多使用者同時存取 Web 伺服器，讓 Web 伺服器達到了負載上的限制，使用者通常就會遇到回應較慢或無法連到伺服器的問題。解決此類問題最好的做法，就是採用「負載平衡器」（load balancer）。

負載平衡器

負載平衡器會把送進來的流量，以一種很均衡的方式分散到負載平衡組合內定義的好幾部 Web 伺服器。圖 1-4 顯示的就是負載平衡器的運作方式。

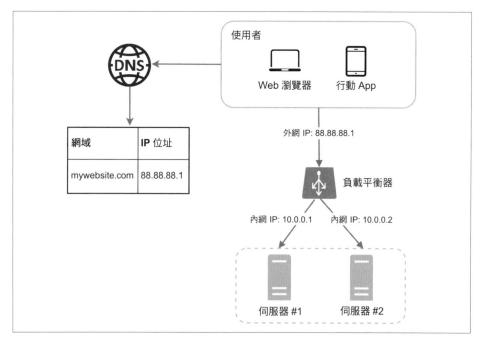

圖 1-4

如圖 1-4 所示，使用者會直接連到負載平衡器的外網 IP 。在這樣的設定下，客戶端就無法直接連到 Web 伺服器了。伺服器之間都是透過內網 IP 進行溝通，因此也可以提高安全性。內網 IP 指的是同一個內網中的 IP 位址，唯有在同一內網中的伺服器，彼此間才能進行溝通，而在 Internet 外

網的機器，則無法直接對內網進行存取。所有外部設備全都必須先連往負載平衡器，才能透過內網 IP 與 Web 伺服器進行溝通。

在圖 1-4 中，我們添加了負載平衡器與第二部 Web 伺服器之後，就可以成功解決故障轉移的問題，並提高 Web 層的可用性（availability）。詳細說明如下：

- 如果伺服器 #1 離線，所有流量就會被導向伺服器 #2。這樣就可以避免網站離線的問題。我們也可以在伺服器池（server pool）加入狀況良好的新 Web 伺服器，以平衡整體的負載。

- 如果網站的流量迅速成長，兩部伺服器不足以處理過大的流量，負載平衡器也可以很優雅地處理這個問題。你只要在 Web 伺服器池加入更多的伺服器，負載平衡器就會自動開始向這些新的伺服器發送請求。

現在從 Web 層來看狀況還不錯，那資料層呢？目前的設計只用到一個資料庫，因此並不支援故障轉移，也無法提供冗餘。資料庫複寫機制（database replication）就是解決這類問題常用的技術。我們就來看一看吧。

資料庫複寫機制

引自維基百科：「許多資料庫管理系統都可以使用資料庫複寫機制，其中原始資料庫（master）與副本資料庫（slave）之間，通常具有主 / 從（master/slave）的關係」[3]。

主資料庫（master）通常只支援寫入操作。從資料庫（slave）則會向主資料庫取得資料的副本，而且只支援讀取操作。所有資料修改的指令（例如 insert 插入、delete 刪除、update 更新）都必須發送到主資料庫。在大多數的應用中，讀取的次數通常遠大於寫入的次數；因此系統的「從資料庫」數量通常都大於「主資料庫」的數量。圖 1-5 顯示的就是一個主資料庫搭配多個從資料庫的情況。

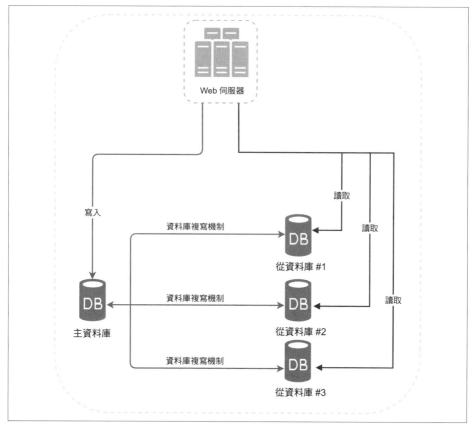

圖 1-5

資料庫複寫機制的優點：

- **更好的效能**：在主從模型中，所有寫入與更新都只會發生在主節點；讀取操作則會分散到各個從節點。這個模型可提高效能上的表現，因為這樣系統就能以平行的方式處理更多的查詢。

- **可靠性**：就算有某部資料庫伺服器因為颱風或地震等自然災害因素而受到破壞，你的資料還是會被保存下來。你不必擔心丟失資料，因為資料已事先在多個位置進行了複製。

- **高可用性**：由於資料跨越不同位置進行了複製，因此就算其中有某個資料庫離線，你的網站還是可以正常運作，因為我們還是可以存取到另一部資料庫伺服器所保存的資料。

我們在前一節討論過負載平衡器如何協助提高系統的可用性。這裡我們再次提出相同的問題：如果其中一個資料庫離線了會怎麼樣？圖 1-5 所呈現的架構設計，就可以處理這樣的情況：

- 如果只有一個從資料庫可用，可是它卻已離線，讀取操作就會暫時被導向主資料庫。一旦找到了問題，新的從資料庫就會取代掉舊的從資料庫。如果有多個從資料庫可用，則會把讀取操作重新導向其他正常的從資料庫。新的資料庫伺服器也會取代掉舊的資料庫伺服器。

- 如果主資料庫離線，其中一部從資料庫就會升級為新的主資料庫。所有資料庫操作都會暫時在新的主資料庫上執行。新的從資料庫也會立即進行資料複製，以取代掉舊的資料庫。在正式上線的系統中，如果要升級新的主資料庫，情況會比較複雜，因為從資料庫裡有可能並不是最新的資料。漏掉的資料如果要進行更新，就必須執行資料復原（data recovery）的腳本。實際上還有一些其他的資料複製方法（例如多個主資料庫，或是採用循環複製的做法），這些做法雖然有點用處，但相應的設定更為複雜。關於這方面的討論，也超出了本書的範圍。有興趣的讀者可以參考一下我們所列出的參考資料 [4] [5]。

圖 1-6 顯示的是加入負載平衡器與資料庫複寫機制之後的系統設計圖。

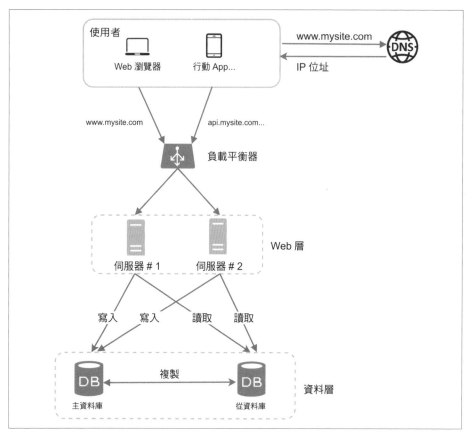

圖 1-6

我們來看看目前這個設計：

- 使用者從 DNS 取得負載平衡器的 IP 位址。

- 使用者用這個 IP 位址連往負載平衡器。

- HTTP 請求被轉送到伺服器 #1 或伺服器 #2。

- Web 伺服器讀取「從資料庫」裡的使用者資料。

- Web 伺服器會把所有資料修改相關操作轉送到「主資料庫」。包括寫入、更新、刪除，都屬於修改相關操作。

現在你已經對 Web 層與資料層有了深刻的理解，接下來是時候改善負載 / 回應時間了。接下來只要再添加一個快取層，然後把靜態內容（JavaScript / CSS / 圖片 / 影片檔案）轉移到 CDN（content delivery network；內容傳遞網路），就可以達到此目的。

快取

快取（cache）指的是一個臨時的儲存區域，我們可以把一些存取代價高昂的回應或經常頻繁存取的資料，暫時儲存在記憶體中，這樣一來後續的請求處理速度就會快很多。在圖 1-6 的架構中，每次載入新網頁時，都要執行一次以上的資料庫調用，才能取得所需的資料。反覆調用資料庫一定會大大影響應用程式的效能表現。快取則可以緩解此問題。

快取層

快取層是一個臨時的資料儲存層，速度比資料庫快得多。擁有獨立的快取層，其優點包括可帶來更好的系統效能表現、可降低資料庫負載，而且快取層本身也可獨立進行擴展。圖 1-7 顯示的就是快取伺服器其中一種可能的配置方式：

圖 1-7

Web 伺服器接收到請求之後，會先檢查快取內有沒有可直接使用的回應。如果有，它就會把資料發送回給客戶端。如果沒有，它就會查詢資料庫，然後把所得到的回應儲存在快取中，再把回應發送回給客戶端。這種快取策略，就是所謂的「穿透讀取」（read-through）型快取。根據不同的資料類型、大小與存取模式，實際上還存在好幾種不同的其他快取策略。之前也有人做過研究，針對不同快取策略的運作原理做了詳細的說明 [6]。

11

與快取伺服器進行互動其實很簡單，因為大多數快取伺服器都有針對一般常見的程式語言提供相應的 API。下面這段程式碼顯示的就是一般典型的 Memcached API：

```
SECONDS = 1
cache.set('myKey', 'hi there', 3600 * SECONDS)
cache.get('myKey')
```

使用快取的注意事項

以下就是使用快取系統的一些注意事項：

- **判斷何時該使用快取**：如果資料非常頻繁被讀取，但又不常進行修改，就可以考慮使用快取。由於快取會把資料儲存在很容易丟失資料的記憶體中，因此快取伺服器並不是長久儲存資料的理想選擇。舉例來說，快取伺服器一旦重新啟動，記憶體內所有資料全都會消失不見。因此，重要的資料還是應該保存在持久型資料儲存系統之中。

- **過期策略**：實作出一個過期策略，是一種很好的實務做法。快取的資料過期之後，就要把它從快取中移除。如果沒有過期策略，快取的資料就會永遠保存在記憶體之中。建議不要把過期的時間設得太短，因為這樣會導致系統從資料庫重新載入資料的次數過於頻繁。於此同時，建議也不要把過期的日期設得太長，因為資料很可能早就過時了。

- **一致性**：也就是如何讓所保存的資料與快取資料維持同步。由於我們在單一次的操作中，並不會針對所保存的資料與快取資料同時進行修改，因此兩者之間可能會出現不一致的情況。如果我們的擴展方式跨越多個區域，要讓所保存的資料與快取之間保持一致性就會變得非常困難。這方面更進一步詳細的訊息，請參閱 Facebook 所發表、標題為「Scaling Memcache at Facebook（在 Facebook 擴展 Memcache）」的論文 [7]。

- **減輕故障的影響**：單一的快取伺服器就代表可能會有單點故障
  （SPOF；single point of failure）的問題，維基百科對於單點故障的
  定義如下：「SPOF 單點故障指的是，如果系統某部分發生故障，整
  個系統就會停止運作」[8]。基於這個理由，因此我們建議跨越不同
  資料中心，使用多個快取伺服器，以避免出現 SPOF 單點故障的問
  題。另一種推薦的做法則是按照一定的百分比，以超額的方式提供
  所需的記憶體。隨著記憶體使用量的增加，這樣將可以提供一種緩
  衝的效果。

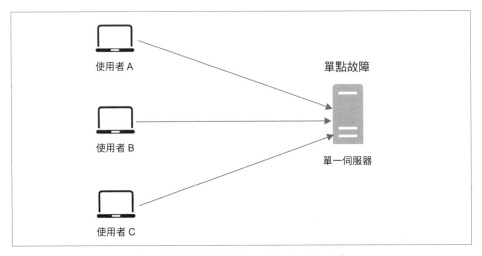

圖 1-8（圖片來源：https://bit.ly/3eGsnyH）

- **逐出策略（Eviction Policy）**：快取一旦滿了之後，如果再把新的項
  目加入到快取中，就有可能導致原有的項目被移除。這就是所謂的
  快取逐出（eviction）。其中最常見的一種快取逐出策略，就是所謂
  的 LRU（Least-recently-used；最近最少被使用）策略。你也可以採
  用其他的逐出策略，例如 LFU（最不常被使用）或 FIFO（先進先
  出）策略，以滿足不同的使用狀況。

內容傳遞網路（CDN）

CDN 指的就是一些在地理位置上分散各處的伺服器所構成的網路，可用來傳遞一些不會經常變動的內容。CDN 伺服器會針對一些像是圖片、影片、CSS、JavaScript 檔案等這類靜態內容進行快取。

動態內容快取（dynamic content caching）則是另一個相對比較新的概念，而且已超出本書的討論範圍。它會根據請求路徑、查詢字串、cookie 與請求的標頭，針對 HTML 頁面啟用快取。關於更多的相關資訊，請參見參考資料 [9] 所提到的文章。本書會重點介紹如何使用 CDN 來快取一些不會變動的靜態內容。

CDN 的工作原理如下：當使用者造訪網站時，距離使用者最近的 CDN 伺服器就會負責提供靜態內容。從直覺上來說，使用者距離 CDN 伺服器越遠，網站載入的速度就越慢。舉例來說，如果 CDN 伺服器在舊金山，洛杉磯的使用者就會比歐洲的使用者更快取得內容。圖 1-9 就是一個很好的範例，顯示 CDN 如何改善網站的載入時間。

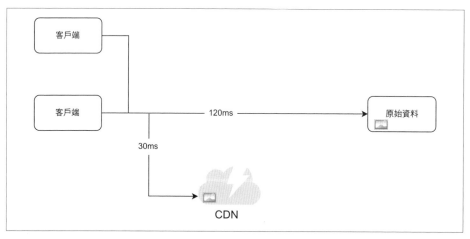

圖 1-9（資料來源：http://bit.ly/2yv7DJK）

圖 1-10 示範的是 CDN 的工作流程。

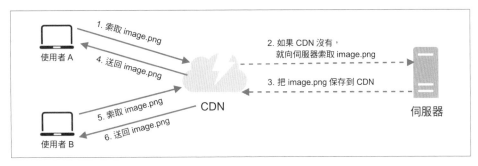

圖 1-10

1. 使用者 A 嘗試透過圖片的 URL 網址索取 image.png。URL 的網域是由 CDN 供應商所提供。以下兩個圖片的 URL 網址，分別是圖片在 Amazon 與 Akamai CDN 上相應的 URL 網址範例：

   ○ https://mysite.cloudfront.net/logo.jpg

   ○ https://mysite.akamai.com/image-manager/img/logo.jpg

2. 如果 CDN 伺服器的快取內沒有 image.png，CDN 伺服器就會向來源處請求檔案，這個來源處有可能是一個 Web 伺服器，也有可能是 Amazon S3 這類的線上儲存服務。

3. 圖片原始來源會把 image.png 送回給 CDN 伺服器，其中 HTTP 標頭可能會包含可有可無的 TTL 存活時間設定，說明此圖片可以在多長時間內透過快取來進行存取。

4. CDN 快取這張圖片並把它送回給使用者 A。在 TTL 過期之前，圖片會一直保留在 CDN 中。

5. 使用者 B 發送請求，想要索取相同的圖片。

6. 只要 TTL 尚未過期，就會從快取送回圖片。

使用 CDN 的注意事項

- **成本**：CDN 是由第三方供應商所提供，你只要向 CDN 傳入或傳出資料，都會被收取費用。針對不經常使用的東西進行快取，並不會帶來任何明顯的好處，因此你就應該考慮把它移出 CDN。

- **為快取設定適當的過期時間**：對於時間很敏感的內容，設定快取的過期時間就特別重要。快取的過期時間不應該太長或太短。如果太長，內容可能無法保持更新。如果太短，則有可能導致 CDN 過於頻繁從原始伺服器重新載入內容。

- **CDN 的退守做法（fallback）**：你也應該考慮一下，你的網站 / 應用程式如何應對 CDN 出問題的情況。如果 CDN 暫時故障，客戶端應該要能夠偵測到該問題，並改向原始來源處請求資源。

- **使檔案無效化（invalidating）**：只要執行以下其中一種操作，就可以在 CDN 的快取過期之前，從 CDN 中移除檔案：

  ○ 使用 CDN 供應商所提供的 API，讓 CDN 物件無效化。

  ○ 使用物件版本控制，以提供不同版本的物件。如果要對物件進行版本控制，可以在 URL 網址內添加參數（例如版本號）。舉例來說，我們可以在查詢字串裡添加 2 這個版本號：image.png?v=2。

圖 1-11 顯示的就是加上 CDN 與快取之後的設計圖。

1. 靜態內容（JS、CSS、圖片等）不再由 Web 伺服器來提供。這些內容改由 CDN 來提供，以達到更好的效能表現。

2. 快取資料可以減輕資料庫的負載。

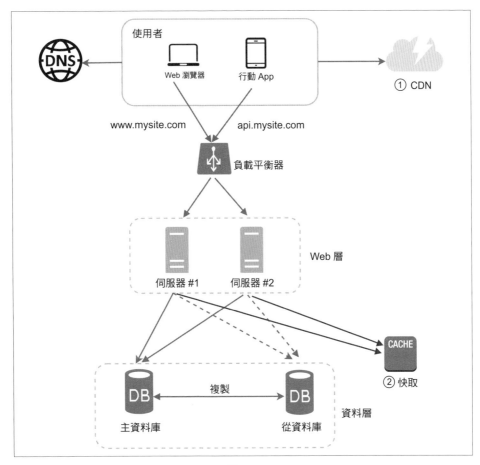

圖 1-11

無狀態網路層

現在該是時候考慮 Web 層的水平擴展了。為此,我們必須把狀態(state,例如使用者 session 資料)移出 Web 層。其中一種好做法就是把 session 資料儲存在像是關聯式資料庫或 NoSQL 之類的持久型儲存系統中。集群內的每個 Web 伺服器都可以從資料庫存取到狀態資料。這就是所謂的無狀態(stateless)Web 層。

有狀態架構

有狀態（stateful）伺服器與無狀態伺服器有一些關鍵的區別。有狀態伺服器在一個請求到另一個請求之間，會記住客戶端的（狀態）資料。無狀態伺服器則不會保留任何狀態資訊。

圖 1-12 顯示的就是有狀態架構的範例。

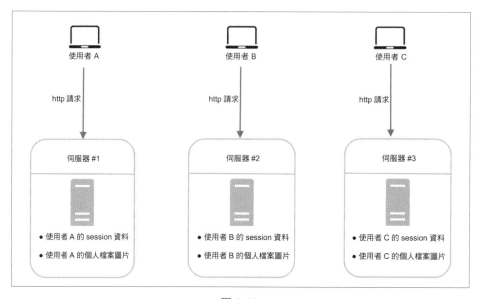

圖 1-12

在圖 1-12 中，使用者 A 的 session 資料與個人檔案圖片，全都儲存在伺服器 #1。如果要對使用者 A 進行身份認證，就必須把 HTTP 請求轉送到伺服器 #1。如果把請求發送到伺服器 #2 之類的其他伺服器，身份驗證就會失敗，因為伺服器 #2 並沒有使用者 A 的 session 資料。同樣的，使用者 B 的所有 HTTP 請求都必須轉送到伺服器 #2；使用者 C 的所有請求則全都必須發送到伺服器 #3。

問題在於同一客戶端的每個請求，全都必須轉送到同一個伺服器。這當然可以透過大多數負載平衡器都有的 sticky session 來完成 [10]；不過，這樣的做法肯定會增加系統額外的開銷。在這樣的做法下，如果要添加或刪

除伺服器，也會變得困難許多。伺服器故障的處理，也會變得非常具有挑戰性。

無狀態架構

圖 1-13 顯示的則是無狀態架構。

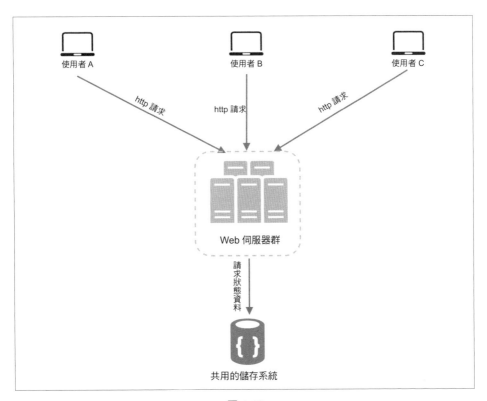

圖 1-13

在這種無狀態架構中，我們可以把使用者的 HTTP 請求發送到任何一部 Web 伺服器，而 Web 伺服器則會從共用的儲存系統取得狀態資料。狀態資料會被保存在共用的資料儲存系統，而且獨立於 Web 伺服器之外。無狀態系統比較單純、比較可靠，而且更容易進行擴展。

圖 1-14 顯示的就是採用無狀態 Web 層的最新設計圖。

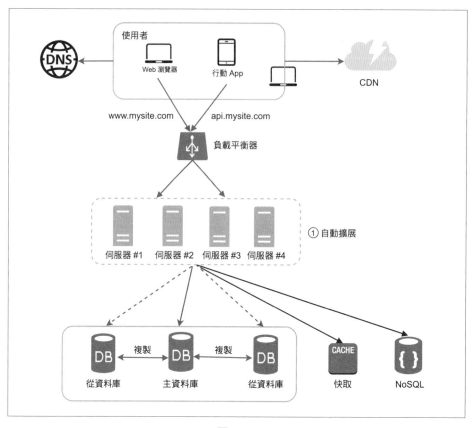

圖 1-14

在圖 1-14 中，我們把 session 資料移出 Web 層，並把它儲存在持久型資料儲存系統中。這個共用的資料儲存系統，可以是關聯式資料庫、Memcached / Redis、NoSQL 等。這裡之所以選擇 NoSQL 做為資料儲存系統，主要是因為它更容易進行擴展。自動擴展（Autoscaling）的意思就是根據流量負載的大小，自動添加或移除 Web 伺服器。Web 伺服器移除掉狀態資料之後，我們就可以根據流量負載的大小來添加或移除伺服器，輕鬆實現 Web 層的自動擴展。

如今你的網站迅速成長，並在國際間吸引了大量的使用者。為了提高可用性，並在更遼闊的各大地理區域提供更好的使用者體驗，支援多個資料中心變得非常重要。

資料中心

圖 1-15 顯示的就是採用兩個資料中心的範例。在正常操作下,使用者會透過 geoDNS(也稱為地理路由)被轉送到最近的資料中心,其中被送往美國東部與西部的流量分別為 *x*% 與 *(100 − x)*%。geoDNS 是一種 DNS 服務,它可以根據使用者的位置,把網域名稱解析成距離比較近的 IP 位址。

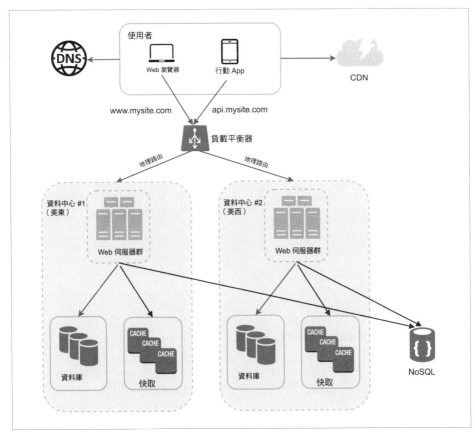

圖 1-15

萬一資料中心出現重大故障,我們就會把所有流量導向正常運作的資料中心。在圖 1-16 中,資料中心 #2(美西)處於離線狀態,因此 100% 的流量全都被轉送到資料中心 #1(美東)。

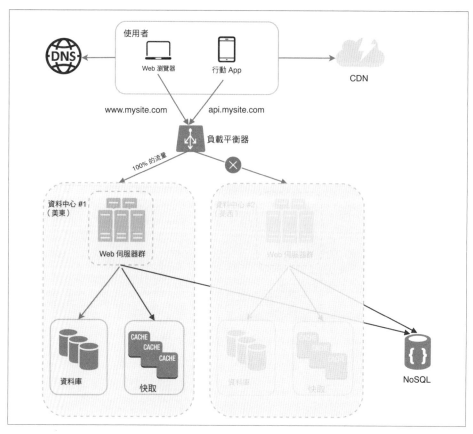

圖 1-16

如果想實現多資料中心的配置，必須先解決幾個技術上的挑戰：

- **流量重定向**：需要有效的工具，才能把流量導向正確的資料中心。geoDNS 可根據使用者所在的位置，把流量導向距離最近的資料中心。

- **資料同步**：來自不同區域的使用者，有可能使用的是各地不同的資料庫或快取。在出現故障轉移的情況下，流量有可能會被轉送到資料不大相同的另一個資料中心。解決此問題常用的策略，就是讓多個資料中心彼此進行資料複製。之前已有研究展示了 Netflix 針對多個資料中心實作出非同步複製的做法 [11]。

- **測試與部署**：在多個資料中心的配置下，分別在不同位置測試你的網站與應用程式，就變成了很重要的工作。自動化部署工具變得非常至關緊要，因為它必須確保所有資料中心都能提供具有一致性的服務 [11]。

為了進一步擴展我們的系統，我們必須盡可能讓系統各個不同構成元素解耦（decouple），這樣才能夠分別獨立進行擴展。訊息佇列（messaging queue）就是在現實世界中，許多分散式系統用來解決此問題的關鍵策略。

訊息佇列

訊息佇列（message queue）是一種保存在記憶體的可持久型元素，它可支援非同步通訊。它主要是用來做為一個緩衝區，負責分發各種非同步請求。訊息佇列的基本架構其實很簡單。輸入服務（我們稱之為 producer 製造者 / publisher 發佈者）會建立訊息，然後把訊息發佈到訊息佇列中。其他服務或伺服器（我們稱之為 consumer 消費者 / subscriber 訂閱者）則會連接到佇列，然後執行訊息所定義的動作。整個模型如圖 1-17 所示。

圖 1-17

由於天生具有解耦的效果，因此訊息佇列成為了打造可擴展又可靠的應用程式首選的架構。有了訊息佇列之後，製造者就可以把訊息發佈到佇列中，就算消費者無法立刻處理訊息也沒關係。而且就算製造者暫時無法運作，消費者還是可以繼續從佇列讀取訊息。

請考慮一下後面這個應用實例：假設你的應用程式可支援照片裁剪、銳化、模糊化之類的客製化操作。這些客製化的任務，都需要耗費一些時間才能完成。在圖 1-18 中，Web 伺服器會把照片處理工作發佈到訊息佇列中。負責處理照片的工作程序（worker）會從訊息佇列提取出這些工作，然後以非同步執行的方式執行這些照片客製化任務。製造者與消費者都可以分別獨立進行擴展。如果佇列越變越大，可以添加更多的工作程序以降低處理的時間。但如果大多數時間佇列都是空的，就可以減少工作程序的數量。

圖 1-18

日誌記錄、衡量指標、自動化

系統若能支援日誌記錄（logging）、衡量指標（metrics）、自動化（automation）的功能，這些全都是很好的實務做法，但如果只是在少數幾部伺服器執行小型的網站，這些其實都不是必要的功能。不過，既然你的網站已經可以為大型企業服務，對這些工具的投資就變得至關重要了。

日誌記錄：錯誤日誌的監控十分重要，因為它有助於識別出系統的錯誤與問題。你可以監視每部伺服器的錯誤日誌，也可以運用工具把錯誤日誌匯整到集中式的服務中，以方便搜尋與查看。

衡量指標：收集各種不同類型的衡量指標，有助於取得相關業務方面更深入的見解，而且也可以瞭解系統的運行狀況。以下這些都是很有用的衡量指標：

- **主機級別衡量指標**：CPU、記憶體、磁碟 I/O 等。

- **整合級別衡量指標**：例如整個資料庫層、快取層等的效能表現。

- **關鍵業務衡量指標**：每日活躍使用者數量、滯留率（retention），營業收入等。

自動化：當系統變得越來越龐大而複雜時，我們就會需要建立或善用一些自動化工具，以提高我們的生產力。持續整合是一種很好的實務做法，若能透過自動化的方式，在每次 check-in 程式碼時進行驗證，就可以讓整個團隊及早發現問題。此外，若能自動化你的構建程序、測試程序、部署程序，這些都可以顯著提高開發者的生產力。

加入訊息佇列與其他的工具

圖 1-19 顯示的就是最新的設計圖。由於空間有限，圖中只顯示一個資料中心。

1. 這個設計包含了一個訊息佇列，可有助於降低系統的耦合性，並強化故障因應時的彈性。

2. 加入了日誌記錄、監視、衡量指標與自動化工具。

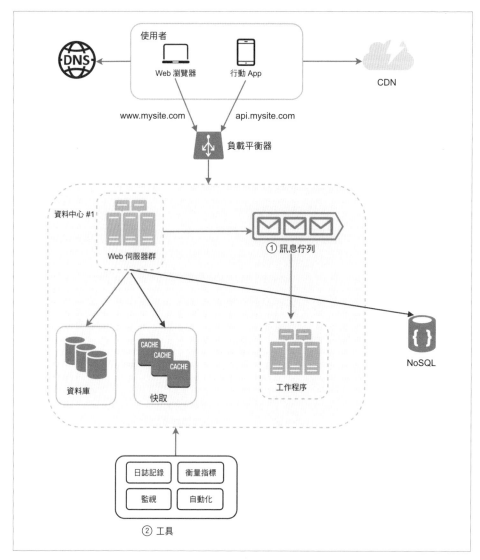

圖 1-19

隨著資料量每天成長，你的資料庫也越來越容易出現超載的情況。現在是時候對資料層進行擴展了。

資料庫擴展

資料庫有兩種廣泛被運用的擴展方式：垂直擴展與水平擴展。

垂直擴展

垂直擴展（vertical scaling）也稱為往上擴展（scaling up），指的是在現有機器上添加更多的硬體效能（CPU、記憶體、磁碟空間等），藉此方式進行擴展。市面上有一些效能非常強大的資料庫伺服器。例如在 Amazon Relational Database Service（RDS）[12]，你可以取得具有 24 TB RAM 的資料庫伺服器。這種功能強大的資料庫伺服器，可用來儲存與處理非常大量的資料。舉例來說，stackoverflow.com 在 2013 年時，每個月都有超過 1000 萬以上身份不重複的訪客，但它只用了 1 個主資料庫 [13]。雖然如此，但垂直擴展的做法還是有一些嚴重的缺點：

- 你當然可以為資料庫伺服器添加更多的 CPU、RAM 等硬體，但是硬體終究存在一定的限制。如果你的使用者數量非常多，只有一部伺服器可能就不夠用了。

- 單點故障的風險比較大。

- 垂直擴展的總成本很高。效能強大的伺服器，價格通常昂貴許多。

水平擴展

水平擴展（horizontal scaling）也稱為分片（sharding），它採用的是添加更多伺服器的做法。圖 1-20 針對垂直擴展與水平擴展進行了比較。

分片（sharding）的做法就是把大型的資料庫分成好幾個比較小的、更易於管理的分片（shard）。每個分片共用相同的資料表結構（schema），不過每個分片裡實際的資料，對於該分片來說都是唯一而不重複的。

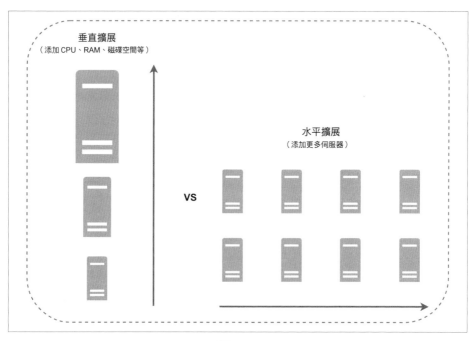

圖 1-20

圖 1-21 顯示的就是分片資料庫的範例。使用者的資料會根據使用者的
ID，分配給不同的資料庫伺服器。每次存取資料時，都會先使用雜湊函式
來找到相應的分片。在這個範例中，user_id％ 4（除以 4 取餘數）就是我
們的雜湊函式。如果計算結果等於 0，就用分片 #0 來存取資料。如果結
果等於 1，則使用分片 #1。其他分片也採用相同的邏輯。

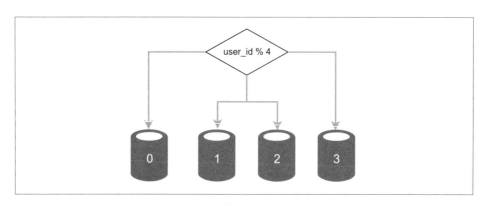

圖 1-21

圖 1-22 顯示的就是各分片資料庫裡的使用者資料表。

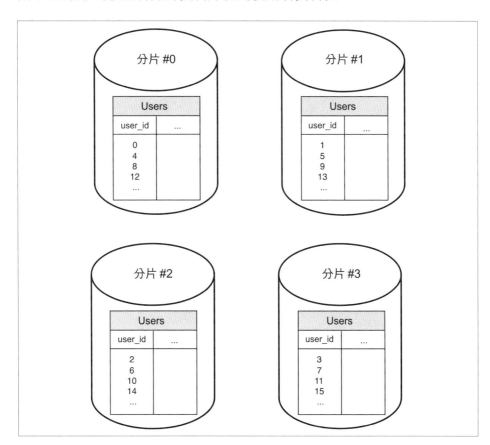

圖 1-22

實作分片策略時,所要考慮的最重要因素就是分片鍵(sharding key)的選擇。分片鍵也叫做分區鍵(partition key),它是由一或多個欄位所構成,可用來判斷資料分配的方式。如圖 1-22 所示,「user_id」就是相應的分片鍵。分片鍵可以把資料庫查詢導向正確的資料庫,讓你在檢索與修改資料時更有效率。選擇分片鍵最重要的標準之一,就是要能均勻分散資料的分佈。

分片的做法是擴展資料庫很好的一種技術，但它絕不是完美的解決方案。這種做法同時也給系統帶來了複雜度與新的挑戰：

資料重新分片：1）如果資料快速增加，單一分片不再能容納更多資料時，就需要對資料進行重新分片。2）如果資料分佈不均，其中某些分片有可能會比其他分片更快耗盡儲存空間。如果耗盡了某個分片，就需要修改分片函式，重新搬動資料。具有一致性的雜湊做法（將在第 5 章討論）就是解決此問題的常用技術。

名人（celebrity）問題：也叫做熱點（hotspot）問題。針對特定分片出現過多的存取，有可能就會導致伺服器超載的問題。想像一下，如果把 Katy Perry（凱蒂・佩芮）、Justin Bieber（小賈斯汀）與 Lady Gaga（女神卡卡）的資料全都放在同一個分片中，會出現什麼樣的問題。如果是在社群應用軟體中，這個分片肯定會被大量讀取操作所淹沒。我們如果想解決這個問題，可能就必須針對每一個名人分配一個分片。每個分片甚至有可能還需要進一步分區（partition）。

JOIN 聯結與去正規化（de-normalization）：一旦資料庫跨越多個伺服器進行了分片之後，就很難跨越不同資料庫分片執行 JOIN 聯結操作了。常見的變通做法就是對資料庫進行去正規化（de-normalize），以便能夠在單一資料表內執行查詢。

在圖 1-23 中，我們對資料庫進行了分片處理，以支援快速增長的資料流量。同時，一些非關聯式的功能也改用 NoSQL 的資料儲存系統，以降低資料庫的負載。本章的參考資料也提供了一篇文章 [14]，其內容涵蓋了許多 NoSQL 的使用範例。

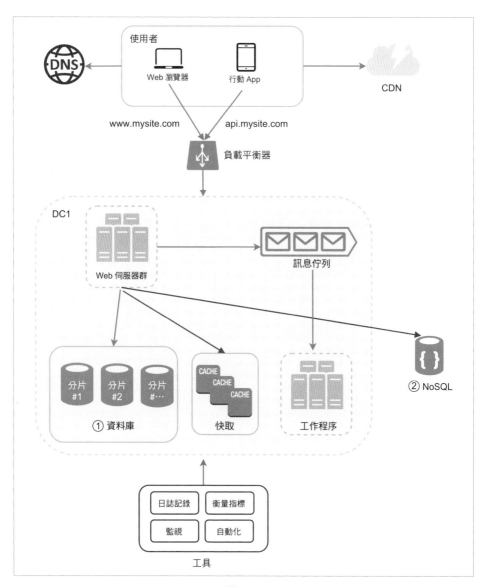

圖 1-23

動輒好幾百萬、甚至更多的使用者

系統擴展可說是一個反覆迭代的過程。在迭代的過程中，只要善用本章所學到的知識，就可以讓我們走得更遠。如果遇到超過好幾百萬使用者的情況，我們恐怕還需要進行更多微調、或是採用新的擴展策略。舉例來說，你可能需要對系統進行最佳化，並針對比較小的服務，對系統進行解耦。本章所學到的所有技術，應該可以在應對新挑戰時提供一個良好的基礎。我們在此針對如何擴展系統以支援好幾百萬使用者，提供一份摘要列表以做為本章的總結：

- 讓 web 層保持無狀態（stateless）

- 讓每一層保留一定的冗餘（redundancy）

- 盡可能多快取（cache）常用資料

- 支援多個資料中心

- 用 CDN 託管靜態資料

- 利用分片擴展資料層

- 把各層切分成單獨的服務

- 監控系統並善用自動化工具

恭喜你跟我們走到了這裡！現在你可以拍拍自己的肩膀。你真是太棒了！

參考資料

[1] HTTP 超文字傳輸協定：

https://en.wikipedia.org/wiki/Hypertext_Transfer_Protocol

[2] Should you go Beyond Relational Databases?（你應該拋開關聯式資料庫嗎？）：

https://blog.teamtreehouse.com/should-you-go-beyond-relational-databases

[3] Replication（複寫機制）：https://en.wikipedia.org/wiki/Replication_(computing)

[4] Multi-master replication（多個主資料庫的複寫機制）：

https://en.wikipedia.org/wiki/Multi-master_replication

[5] NDB Cluster Replication: Multi-Master and Circular Replication（NDB 集群複製：多個主資料庫與循環複寫機制）：

https://dev.mysql.com/doc/refman/5.7/en/mysql-cluster-replication-multi-master.html

[6] Caching Strategies and How to Choose the Right One（快取策略與如何選擇正確的快取方式）：

https://codeahoy.com/2017/08/11/caching-strategies-and-how-to-choose-the-right-one/

[7] R. Nishtala, "Facebook, Scaling Memcache at,"（Facebook 的 Memcache 擴展做法）10th USENIX Symposium on Networked Systems Design and Implementation (NSDI '13).

[8] Single point of failure（單點故障）：

https://en.wikipedia.org/wiki/Single_point_of_failure

[9] Amazon CloudFront Dynamic Content Delivery（亞馬遜 CloudFront 動態內容傳遞）：

https://aws.amazon.com/cloudfront/dynamic-content/

[10] Configure Sticky Sessions for Your Classic Load Balancer（為你的傳統負載平衡器設定粘性 sessions）：

https://docs.aws.amazon.com/elasticloadbalancing/latest/classic/elb-sticky-sessions.html

[11] Active-Active for Multi-Regional Resiliency（多區域彈性的 Active-Active 做法）：

https://netflixtechblog.com/active-active-for-multi-regional-resiliency-c47719f6685b

[12] Amazon EC2 High Memory Instances（亞馬遜 EC2 高記憶體實例）：

https://aws.amazon.com/ec2/instance-types/high-memory/

[13] What it takes to run Stack Overflow（執行 Stack Overflow 的代價）：
http://nickcraver.com/blog/2013/11/22/what-it-takes-to-run-stack-overflow

[14] What The Heck Are You Actually Using NoSQL For（使用 NoSQL 真正的理由）：
http://highscalability.com/blog/2010/12/6/what-the-heck-are-you-actually-using-nosql-for.html

2

粗略的估算

在系統設計面試時，你有時候會被要求先以粗略的方式（back-of-the-envelope[1]）估算出系統的能耐，或是所能達到的效能表現。根據 Google 高級研究員 Jeff Dean 的說法，「粗略估算就是你結合思維實驗，與一些常用的效能相關數字所得出的估算值，藉此可以很好地感覺出哪些設計可以滿足你的需求」[1]。

你必須對一些可擴展性相關的基礎知識具有一定的認知，才能有效進行粗略的估算。下面這幾個東西，大家應該都很清楚才對：二的次方數字、每個程式設計師都應該知道的幾個延遲相關數字，以及一些可用性相關數字。

二的次方數字

雖然在處理分散式系統時，資料量有可能會變得極為巨大，但所有計算全都可以歸結到相同的基礎。為了得出正確的計算結果，用 2 的次方數字來做為資料量的單位，是一種非常重要的做法。1 個 Byte（位元組）就是 8 個 bit（位元）。每一個 ASCII 字元都會用到 1 個位元組（8 個位元）的記憶體。下面的表格（表 2-1）說明了各種資料量的單位。

1　原意是信封背面，後來延伸為隨便拿一張空白紙來進行粗略估算的意思。

表 2-1

次方	近似值	全名	縮寫
10	一千	1 Kilobyte	1 KB
20	一百萬	1 Megabyte	1 MB
30	十億	1 Gigabyte	1 GB
40	一兆	1 Terabyte	1 TB
50	一千兆	1 Petabyte	1 PB

每個程式設計師都應該知道的幾個延遲相關數字

Google 的 Dean 博士列出了 2010 年各種典型的電腦操作所需耗用的時間 [1]。隨著電腦速度越來越快，功能越來越強大，其中一些數字目前已經過時了。不過，這些數字還是可以讓我們針對電腦不同操作的速度快慢，獲得一定的概念。

表 2-2

操作名稱	時間
L1 快取參照	0.5 ns
分支錯誤預測（Branch mispredict）	5 ns
L2 快取參照	7 ns
互斥鎖（Mutex）鎖定 / 解鎖	100 ns
主記憶體參照	100 ns
用 Zippy 壓縮 1KB 資料	10,000 ns = 10 µs
在 1Gbps 網路發送 2KB 資料	20,000 ns = 20 µs
從記憶體循序讀取 1MB 資料	250,000 ns = 250 µs
在同一資料中心內跑一圈	500,000 ns = 500 µs
磁碟搜尋	10,000,000 ns = 10 ms
從網路循序讀取 1MB 資料	10,000,000 ns = 10 ms
從磁碟循序讀取 1MB 資料	30,000,000 ns = 30 ms
發送封包（從加州 → 荷蘭 → 加州）	150,000,000 ns = 150 ms

‖ 小提醒 ‖

ns = 奈秒，μs = 微秒，ms = 毫秒

1 ns = 10^-9 秒

1 μs = 10^-6 秒 = 1,000 ns

1 ms = 10^-3 秒 = 1,000 μs = 1,000,000 ns

有一位 Google 軟體工程師打造了一個工具，以視覺化方式呈現了 Dean 博士的數字。這個工具也把時間因素列入了考慮。圖 2-1 顯示的就是截至 2020 年為止，以視覺化方式呈現延遲相關數字的結果（資料來源：參考資料 [3]）。

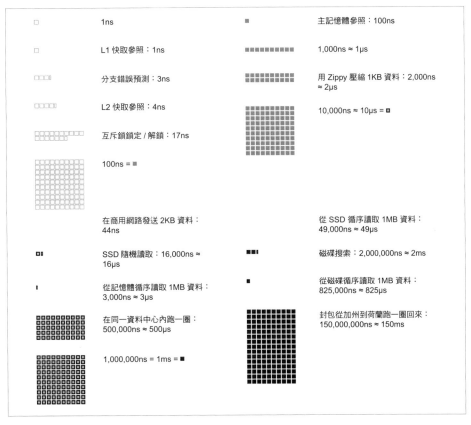

圖 2-1

分析一下圖 2-1 中的數字，我們可以得出以下結論：

- 記憶體快，但磁碟慢。

- 盡量避免使用磁碟搜尋。

- 簡單的壓縮演算法速度很快。

- 盡可能先壓縮資料，再透過網路發送。

- 資料中心通常位於不同地區，彼此互傳資料需要花費一些時間。

可用性相關數字

高可用性（high availability）指的是系統能夠在理想的一段長時間內連續運行的能力。高可用性是以百分比來衡量，其中 100％就表示服務的停機時間（downtime）為 0。大部分的服務都落在 99％到 100％之間。

服務等級協議（SLA；service level agreement）是一個服務供應商常用的術語。它指的是你（服務供應商）和你的客戶之間的一項協議，這個協議正式定義你的服務所能提供的正常運行時間等級。Amazon [4]、Google [5]與 Microsoft [6] 這幾家雲端供應商都把 SLA 設定在 99.9％以上。一般來說，正常運行時間都是用幾個 9 來做為衡量方式。9 的數量越多越好。如表 2-3 所示，9 的數量可直接換算成相應的系統停機時間。

表 2-3

可用性 %	每天停機時間	每週停機時間	每月停機時間	每年停機時間
99%	14.40 分鐘	1.68 小時	7.31 小時	3.65 天
99.9%	1.44 分鐘	10.08 分鐘	43.83 分鐘	8.77 小時
99.99%	8.64 秒	1.01 分鐘	4.38 分鐘	52.60 分鐘
99.999%	864.00 毫秒	6.05 秒	26.30 秒	5.26 分鐘
99.9999%	86.40 毫秒	604.80 毫秒	2.63 秒	31.56 秒

範例：估算出 Twitter 的 QPS 與所需的儲存空間

請注意，以下數字只是做為練習，因為這些數字並非 Twitter 的真實數字。

假設：

- 每個月有 3 億的活躍使用者。

- 每天有 50％的使用者會使用 Twitter。

- 使用者平均每天發佈 2 則推文。

- 10％的推文中包含了媒體。

- 資料會被儲存 5 年。

估算：

每秒查詢次數（QPS；Query per second）估算值：

- 每日活躍用戶（DAU；Daily active users）= 3 億 * 50％ = 1.5 億

- 推文 QPS = 1.5 億 * 2 則推文 / 24 小時 / 3600 秒 = ～ 3500

- QPS 峰值 = 2 * QPS = ～ 7000

我們這裡只會估算一下媒體所需的儲存空間。

- 平均推文大小：

  ○ tweet_id　64 Byte

  ○ 文字　　　140 Byte

  ○ 媒體　　　1 MB

- 媒體所需儲存空間：1.5 億 * 2 * 10％ * 1 MB = 每天 30 TB

- 5 年所需的媒體儲存空間：30 TB * 365 * 5 = ～ 55 PB

小提示

粗略估算最重要的是處理的過程。能否解決問題比結果精不精確更重要。面試官可以藉此測試出你的問題解決能力。以下是一些小小的提示：

- 善用四捨五入與近似做法。面試過程中很難執行複雜的數學運算。舉例來說，「99987 / 9.1」的結果是多少？你完全不必耗費寶貴的時間，解決這種複雜的數學問題。不用太要求精確率。善用四捨五入的整數與近似的做法，可以給你帶來一些優勢。你可以把這個除法問題簡化為：「100,000 / 10」。

- 把你的假設寫下來。寫下你的假設以供隨後做為參考，是一個很好的做法。

- 標記出你所使用的單位。寫「5」的時候，你的意思是 5 KB 還是 5 MB？沒寫的話，你可能就會把自己搞昏頭。記得把單位寫下來，因為寫「5 MB」肯定就不會搞混了。

- 常被要求進行粗略估算的幾個數值：QPS、QPS 峰值、儲存空間、快取、伺服器數量等等。準備面試時，你可以先練習一下這些計算。練習成就完美。

恭喜你跟我們走到了這裡！現在你可以拍拍自己的肩膀。你真是太棒了！

參考資料

[1] J. Dean.Google Pro Tip: Use Back-Of-The-Envelope-Calculations To Choose The Best Design（J. Dean 的 Google 專業提示：用粗略估算的方式選擇最佳設計）：http://highscalability.com/blog/2011/1/26/google-pro-tip-use-back-of-the-envelope-calculations-to-choo.html

[2] System design primer（系統設計入門）：https://github.com/donnemartin/system-design-primer

[3] Latency Numbers Every Programmer Should Know（每個程式設計師都應該知道的延遲相關數字）：https://colin-scott.github.io/personal_website/research/interactive_latency.html

[4] Amazon Compute Service Level Agreement（亞馬遜計算服務等級協議）：https://aws.amazon.com/compute/sla/

[5] Compute Engine Service Level Agreement（CE 計算引擎 SLA 服務等級協議）：https://cloud.google.com/compute/sla

[6] SLA summary for Azure services（Azure 服務的 SLA 摘要）：https://azure.microsoft.com/en-us/support/legal/sla/summary/

3

系統設計面試的框架

你剛收到夢幻公司的邀請，獲得了一個夢寐以求的現場面試機會。招聘人員向你發送了當天的時間表。你稍微瀏覽了一下，感覺還不賴，但很快你就把目光落到本次面試的主要環節——系統設計面試。

系統設計面試經常讓人感到有些害怕。你可能會被要求「設計出某個知名產品 X」，但究竟該怎麼做，卻又不是那麼容易說明白。這樣的問題往往很籠統，所涵蓋的廣泛程度似乎也不怎麼合理。你的無力感確實是可以理解的。畢竟有誰能在一個小時內，設計出那種大受歡迎的產品呢？那可是需要好幾百個、甚至好幾千個工程師來打造的產品耶！

好消息是，沒有人期待你能做出那樣的事。現實世界的系統設計極度複雜。舉例來說，Google 搜尋看似簡單，但為了支撐這樣的簡單性，其背後的技術數量絕對令人感到驚訝。如果沒有人期待你在一個小時內設計出一個真實的系統，那麼系統設計面試的好處究竟是什麼呢？

系統設計面試想要模擬的，其實是解決現實生活中某個問題的過程，而在解決過程中，兩個合作者會針對某個籠統的問題進行合作，並提出一個可實現其目標的解決方案。這類問題都是開放性的，並沒有完美的答案。相較於你在設計過程中所做的工作，最後的設計結果其實並沒有那麼重要。整個過程可以讓你展現自己的設計技能、捍衛你自己所選擇的設計，並以一種有建設性的方式回應各種質疑。

我們暫且撇開這些不談，先考慮一下面試官走進會議室與你會面時，她的心裡究竟在想些什麼。面試官的主要目標，就是準確評估你的能力。她最不希望的一件事，就是因為缺乏有效的溝通，無法得到足夠的資訊，因而

無法做出評估的結論。在系統設計面試的過程中，面試官最想要的究竟是什麼呢？

許多人認為，系統設計面試完全只在乎一個人技術上的設計技能。實際上遠遠不只如此。一場有效的系統設計面試，可以強烈表達出一個人的協作能力、承受壓力的能力，還有以建設性方式解決不同意見的能力。提出好問題的能力，也是一項必不可少的技能，許多面試官特別想要看到這樣的技能。

一個好的面試官，還會想辦法挖掘出一些危險的訊號。過度設計往往是許多工程師確實存在的毛病，因為他們特別偏愛設計的純粹性，因而忽略了權衡取捨的重要性。他們通常不了解過度設計的系統所帶來的複合成本，但許多公司確實為此付出了非常高昂的代價。你當然不會想在系統設計面試的過程中，展現出這樣的傾向。其他的危險信號，還包括狹隘的思維、固執的性格等等。

我們在本章會介紹一些有用的技巧，並引入一個簡單有效的框架，以解決各種系統設計面試的問題。

有效進行系統設計面試的四個步驟

每一場系統設計面試都是不同的。一次出色的系統設計面試，往往都很開放而沒有任何限制，也沒有萬用的解決方案。不過，每一場系統設計面試都會有以下這些步驟與共同點。

第一步驟——瞭解問題並確立設計的範圍

「老虎為什麼咆哮？」

教室後面有一隻手舉了起來。

「吉米？你說說看。」老師回答。

「因為牠餓了」。

「很好，吉米。」

在整個童年時期，吉米一直是班上第一個回答問題的人。每當老師丟出一個問題，教室裡總有個孩子特別喜歡回答，不管他知不知道答案。這個人就是吉米。

吉米是一個特別突出的學生。他總是以最快知道所有答案而感到自豪。在考試時，他通常也是第一個交卷的人。在各種學術比賽中，他往往是老師的首選。

拜託，千萬別像吉米那樣。

在系統設計面試過程中，不加思索便迅速給出答案，並不能讓你加分。如果沒有全面瞭解就急著回答問題，那其實是一個巨大的危險信號，因為面試並不是一場快問快答的競賽。事實上，根本就沒有正確的答案。

因此，請不要立即提出解決的方案。放慢一點。認真思考並提出問題，以釐清所要求的條件與假設。這一點非常、非常的重要。

做為一個工程師，我們很喜歡解決難題，總想盡快進入最終的設計；不過，這樣的做法很有可能導致你設計出錯誤的系統。身為一個工程師最重要的技能之一，就是提出正確的問題、做出正確的假設，並且把構建系統所需的所有資訊妥善彙整起來。因此，千萬不要害怕提出問題。

如果你提出問題，面試官有可能會直接回答你的問題，也有可能讓你自己做出假設。如果是後者，請在白板或紙上寫下你的假設。稍後你可能還會用到。

該問什麼樣的問題呢？你可以為了瞭解確切的要求，提出你的問題。以下列出了一些可協助你開始思考的問題列表：

- 我們要構建出哪些特定的功能？
- 這個產品會有多少使用者？

- 公司預計以多快的速度擴大規模？3 個月、6 個月、一年後預期的規模會有多大？

- 公司有哪些技術強項可供運用？可以善用哪些現有的服務來簡化設計？

範例

如果你被要求設計出一個最新動態訊息（news feed）系統，你就要提出一些問題，以協助你搞清楚任務的需求。你和面試官之間的對話，有可能會像下面這樣：

應試者：這是一個行動 App 嗎？還是一個 Web 應用程式？抑或是兩種都要做？

面試官：兩種都要做嘍！

應試者：產品最重要的功能是什麼？

面試官：可以發出貼文，而且可以查看朋友所發佈的動態訊息。

應試者：動態訊息是按照倒序排列，還是按照特定的順序排列？如果是特定的順序，意思就是要給每一則貼文賦予不同的權重。舉例來說，比較親近的朋友，其貼文就比群組貼文更重要。

面試官：為了簡單起見，我們姑且假設動態訊息是按照時間倒序排列。

應試者：一個使用者可以有幾個朋友？

面試官：5,000

應試者：會有多少流量？

面試官：每天一千萬個活躍使用者（DAU）

應試者：動態訊息中可以包含圖片、影片嗎？還是只能包含文字？

面試官：可以包含媒體檔案，包括圖片和影片。

上面只是一些你可以詢問面試官的問題範例。重要的是務必瞭解具體的需求，並釐清每一個不夠清楚的地方。

第二步驟——提出高階設計並取得認可

在這個步驟,我們的目標就是開發出一個高階的設計,並針對設計與面試官達成協議。在這個過程中,與面試官合作是一個很好的做法。

- 提出設計的初始藍圖。可以要求面試官盡量提供任何回饋的意見。不妨把你的面試官視為團隊合作者,一起共同努力。許多優秀的面試官都喜歡交流與參與。

- 用一些方框圖(box diagram)把關鍵的構成元素畫在白板或白紙上。這其中有可能包含客戶端(行動 App / Web 應用程式)、API、Web 伺服器、資料儲存系統、快取、CDN、訊息佇列等等。

- 用粗略估算的方式,評估一下你的設計藍圖是否符合規模上的限制。想到什麼就大聲說出來。在進一步深入之前,如果有必要先做一些粗略的估算,可以先和你的面試官溝通一下。

如果有可能的話,可以先用一些具體的使用範例從頭到尾測試一下。這將有助於你構建出高階設計的架構。有些使用範例或許還可以協助你發現一些沒有考慮到的特殊情況。

我們在這裡是否應該把 API 端點與資料庫的資料表結構包含進來呢?這一點與問題本身有關。如果是「設計出 Google 搜尋引擎」之類的大型設計問題,這麼做就有點太低階了。如果是針對多人撲克比賽設計後端這樣的問題,那就是一個還不錯的做法。好好與面試官溝通清楚吧。

範例

我們就用「設計動態訊息系統」來示範如何進行高階設計的做法。在這裡,你並不需要瞭解系統實際的運作原理。所有的細節全都會在第 11 章進行說明。

從比較高階的角度來看,這個設計可分為兩個流程:發佈個人動態(feed publishing)與構建動態訊息(news feed building)。

- **發佈個人動態（feed publishing）**：當使用者發佈貼文時，就把相應資料寫入快取／資料庫，然後這則貼文就會被填入到朋友的動態訊息（news feed）。

- **構建動態訊息（news feed building）**：按照時間前後相反的順序，把朋友的貼文匯整起來，就可以構建出朋友的動態訊息。

圖 3-1 與圖 3-2 分別顯示「發佈個人動態」與「構建動態訊息」這兩個流程的高階設計圖。

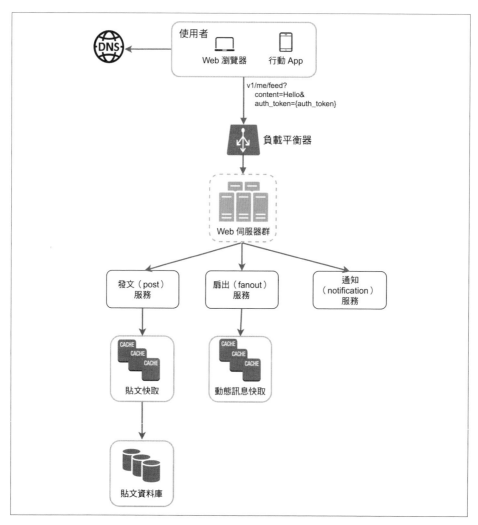

圖 3-1

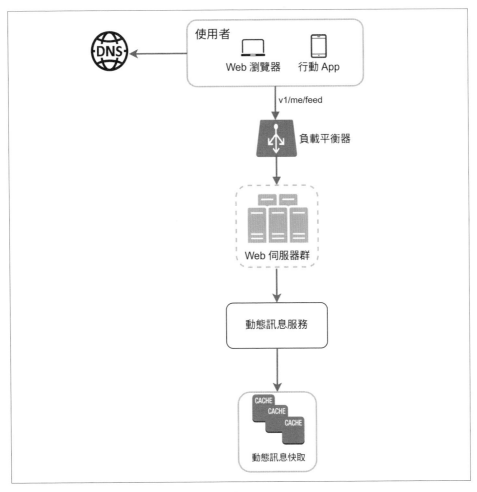

圖 3-2

第三步驟——深入設計

到了這個步驟,你和你的面試官應該已經實現以下的目標:

- 已商定總體的目標與功能的範圍
- 已勾勒出總體設計的高階藍圖

- 已從面試官那裡取得關於高階設計的回饋意見

- 根據面試官的回饋意見，針對所要深入聚焦的領域有了一些初步的想法

你應該與面試官共同確定架構裡的各個構成元素，並確認其優先順序。這裡要強調的是，每次面試的過程都是不同的。有時面試官可能會給出一些提示，讓你知道她比較喜歡專注於高階設計。有時在比較資深的應試者面試過程中，討論的可能是系統的效能表現特性，這樣的話焦點可能就會集中在效能瓶頸與資源的評估。在大多數的情況下，面試官或許會希望你深入到某些系統構成元素的細節之中。以短網址生成器為例，針對把長網址轉換為短網址的雜湊函式設計進行深入的研究，就是其中很有趣的部分。如果是一個聊天系統，如何減少延遲與如何支援連線／離線狀態，則是其中兩個很有趣的主題。

時間管理也非常重要，因為一般人很容易就會陷入瑣碎的細節，而這些細節並不能證明你的能力。你必須防範這樣的情況，向你的面試官發出適當的訊息。盡可能不要陷入非必要的細節之中。舉例來說，在系統設計面試的過程中，詳細討論 Facebook 動態訊息的 EdgeRank 演算法並不是很理想的做法，因為這會耗費許多寶貴的時間，而且這也無法證明你具有設計出可擴展系統的能力。

範例

到這裡為止，我們已經討論過動態訊息系統的高階設計，面試官應該對你的建議感到很滿意才對。接著我們要研究兩個最重要的使用狀況：

1. 發佈個人動態

2. 動態訊息檢索

圖 3-3 與圖 3-4 顯示的就是這兩種使用狀況的設計細節，隨後我們會在第 11 章進行詳細的說明。

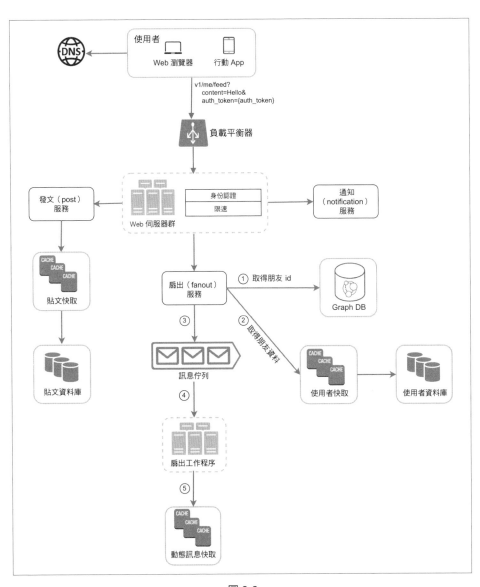

圖 3-3

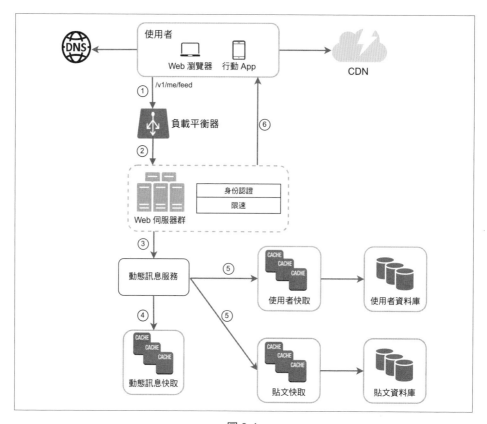

圖 3-4

第四步驟──匯整總結

最後這個步驟，面試官可能會問你一些後續的問題，或是讓你自由討論其他的主題。以下就是一些可以特別關注的方向：

- 面試官可能會希望你判斷系統的瓶頸，並討論可能的改進做法。絕不要說你的設計是完美的，沒什麼好改善的。無論如何總有一些可以改進的地方。而且這是一個很好的機會，向她展示你的批判性思維，並留下良好的最終印象。

- 讓面試官重新檢視一下你的設計，或許也是很有用的做法。如果你提出了好幾個解決方案，這點尤其重要。經過長時間的會談之後，重新喚醒面試者的記憶或許還是有點幫助。

- 討論一下出錯的情況（伺服器故障、網路斷線等）也是很有趣的一件事。

- 關於操作方面的問題，也很值得一提。你會如何監視各種衡量指標與錯誤日誌？該如何以滾動方式導入（roll out）系統呢？

- 規模曲線（scale curve）的下一步該如何處理，也是一個很有趣的話題。舉例來說，如果你目前的設計可支援 100 萬個使用者，接下來需要進行哪些變動，才能支援到 1,000 萬個使用者呢？

- 如果你還有更多的時間，也可以提出其他改進的方案。

最後，我們把各種「應該做」與「不要做」的事，總結為以下的列表。

應該做的事

- 為了釐清狀況，一定要把疑問說出來。不要以為你的假設一定是正確的。

- 瞭解問題真正的需求。

- 既沒有正確的答案，也沒有最佳的答案。即使是同樣的問題，針對年輕的新創公司與擁有好幾百萬使用者的老牌公司，兩者所需要的解決方案往往並不相同。請務必確認你確實瞭解真正的需求。

- 讓面試官知道你的想法。好好與面試官進行溝通。

- 如果可能的話，盡量提出多種做法。

- 你一旦針對設計藍圖與面試官達成了協議，接著就要深入每個構成元素的細節之中。請先設計其中最關鍵的構成元素。

- 把構想告訴面試官，並詢問她的意見。一個好的面試官會與你合作，就像是你的隊友一樣。

- 絕不放棄。

不要做的事

- 面對典型的面試問題，不要什麼準備都不做。

- 在還沒弄清楚需求與假設的情況下，千萬不要急著跳入解決方案。

- 一開始不要針對單一的構成元素，深入到過多的細節之中。請先進行高階設計，然後再深入研究細節。

- 如果你遇到困難，請不要猶豫、隨時可以詢問有沒有什麼提示。

- 再說一次，溝通很重要。不要只顧著自己一個人靜靜思考。

- 給出了設計之後，不要以為面試就結束了。除非面試官說你的面試已結束，那才算是真正的結束。儘早並經常詢問面試官的回饋意見。

每個步驟的時間分配

系統設計面試的問題範圍通常非常廣泛，45 分鐘或一個小時並不足以完成整個設計。時間管理非常重要。你在每個步驟究竟該花費多少時間呢？以下是在 45 分鐘的面試過程中，針對時間分配非常粗略的一個參考指南。請記住，這只是一個粗略的估算，實際的時間安排還是要取決於問題的範圍，以及面試官的要求。

Step 1：瞭解問題並確立設計的範圍：3-10 分鐘

Step 2：提出高階設計並取得認可：10-15 分鐘

Step 3：深入設計：10-25 分鐘

Step 4：匯整總結：3-5 分鐘

設計網路限速器

在網路系統中，網路限速器（rate limiter）可用來控制客戶端或服務端發送流量的速度。在 HTTP 的世界裡，網路限速器可以用來限制客戶端在指定時段內發送請求的數量。如果 API 請求數量超過網路限速器所定義的門檻值，所有額外的調用都會被擋下來。這裡有幾個例子：

- 使用者每秒最多只能發出兩則貼文。

- 你每天最多只能用同一 IP 位址建立 10 個帳號。

- 你每週最多只能用同一部設備領取 5 次獎勵。

本章要求你設計出一個網路限速器。在開始設計之前，我們先來看一下使用 API 網路限速器的好處：

- **避免 DoS（Denial of Service；拒絕服務）攻擊造成資源不足的問題** [1]。各大科技公司所發佈的 API，幾乎全都設有某種形式的速度限制。舉例來說，Twitter 就把推文的數量限制為每 3 小時 300 則 [2]。Google 文件 API 也有以下的預設限制：每個使用者在每 60 秒內只能發出 300 次讀取請求 [3]。網路限速器可避免 DoS 攻擊，因為不管是有意或無意，它都會阻擋掉多餘的調用。

- **降低成本**。針對過多的請求做出限制，也可以降低伺服器的負擔，而且可以讓更多資源分配給具有高優先等級的 API。限速的做法對於那些使用第三方付費 API 的公司而言非常重要。舉例來說，每次只要用到以下這些外部 API：檢查可用額度、付款、檢索健康記錄等，你都會被收取一筆費用。以降低成本的角度來說，限制調用次數的做法至關重要。

- **防止伺服器出現超載的問題**。如果要降低伺服器的負擔，可使用一個網路限速器來篩選掉網路機器人，或是阻擋使用者不當行為所引起的過多請求。

第一步驟──瞭解問題並確立設計的範圍

限速的做法可以採用各種不同演算法來進行實作，每一種演算法都各有其利弊。面試官與應試者之間的互動，有助於釐清我們所要建立的是哪種類型的網路限速器。

> **應試者**：我們要設計哪一種網路限速器？是客戶端網路限速器，還是伺服端 API 網路限速器？
>
> **面試官**：很好的問題。我們就專注於伺服端 API 網路限速器吧。

> **應試者**：網路限速器是否要根據 IP、使用者 ID 或其他屬性，來限制 API 請求？
>
> **面試官**：這個網路限速器應該要足夠靈活，以支援不同的限制規則組合。

> **應試者**：系統的規模有多大呢？我們要針對新創公司，還是針對擁有龐大使用者的大公司來打造？
>
> **面試官**：系統必須能夠處理大量的請求。

> **應試者**：系統要有能力在分散式環境中正常運作嗎？
>
> **面試官**：是的。

> **應試者**：這個網路限速器是一個單獨的服務，還是應該在應用程式碼中進行實作呢？
>
> **面試官**：這個設計決策由你來決定。

> **應試者**：我們需要對受限制的使用者進行通知嗎？
>
> **面試官**：要。

需求

這裡是系統需求的摘要：

- 準確限制過多的請求。

- 低延遲。網路限速器不應減慢 HTTP 的回應時間。

- 盡可能少用一些記憶體。

- 採用分散式的網路限速做法。多部伺服器或多個 process 行程，可共用同一個網路限速器。

- 異常處理能力。當使用者請求受到限制時，要向使用者顯示明確的異常通知。

- 高容錯能力。如果網路限速器出現任何問題（例如快取伺服器離線），也不能影響到整個系統。

第二步驟──提出高階設計並取得認可

我們盡量保持簡單，只用一個基本的客戶端與伺服器模型來進行溝通。

網路限速器要放在哪裡？

從直觀上來說，你可以在客戶端、也可以在伺服端實作網路限速器。

- **客戶端實作**：一般來說，在客戶端實作網路限速器比較不可靠，因為客戶端的請求很容易被惡意行為者惡搞。而且，我們有可能根本就無法控制客戶端的實作。

- **伺服端實作**：圖 4-1 顯示的就是位於伺服端的網路限速器。

圖 4-1

除了可以在客戶端或伺服端進行實作之外，其實還有另一種做法。我們並不打算在 API 伺服器建立網路限速器，而是在中間另外建立一個網路限速器，以限制對 API 的請求，如圖 4-2 所示。

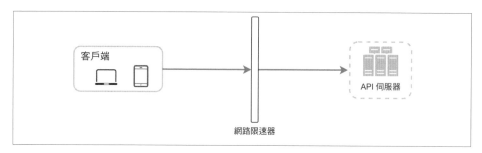

圖 4-2

我們就用圖 4-3 做為範例，說明一下這個設計中網路限速運作的方式。假設我們的 API 每秒只能接受 2 次請求，而客戶端卻在一秒鐘內向伺服器發送了 3 次請求。前兩次請求都會被轉送到 API 伺服器。不過，網路限速器會限制第三次請求，並送回一個 HTTP 狀態碼 429。HTTP 429 這個回應狀態碼，就表示使用者發送了過多的請求。

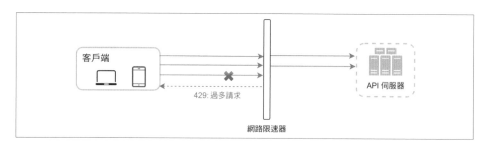

圖 4-3

目前雲端微服務（Cloud microservice）[4] 越來越廣泛流行，而網路限速的功能通常可以在一個叫做 API 閘道（API gateway）的元件中進行實作。API 閘道是一種具有完整管理功能的服務，它可支援網路限速、SSL 終止（SSL termination）、身份驗證、IP 白名單等功能，也可以針對靜態內容提供服務。目前我們只需要知道 API 閘道可支援網路限速的功能就足夠了。

在設計網路限速器時，一定要先問自己一個很重要的問題：究竟要在伺服端還是在 API 閘道實作網路限速器？這個問題並沒有絕對的答案。答案取決於你公司目前現有的技術、工程資源、優先順序、目標等等。以下是一些通用的準則：

- 評估你目前現有的技術，例如擅長的程式語言、現有的快取服務等。請務必確認你目前所使用的程式語言，是否可以在伺服端有效實作出網路限速器。

- 確認符合你業務需求的網路限速演算法。如果你是在伺服端實作所有的功能，就可以完全控制所使用的演算法。但如果你使用的是第三方的 API 閘道，選擇上可能就會受到一些限制。

- 如果你已經採用微服務架構，而且在你的設計中也有用到 API 閘道來執行身份驗證、IP 白名單等功能，那麼你就可以直接在 API 閘道添加網路限速器的功能。

- 打造你自己的網路限速服務，需要花費一些時間。如果你並沒有足夠的工程資源來實作網路限速器，也許採用商業化 API 閘道是一個更好的選擇。

網路限速演算法

網路限速可以用不同的演算法來進行實作，而且每一種演算法都有各自的優缺點。本章並不打算專注於演算法，而是從比較高階的角度去理解這些演算法，這樣也有助於我們選擇更符合使用狀況的正確演算法或演算法組合。以下就是幾種比較受歡迎的演算法列表：

- Token 桶（Token bucket）

- 漏水桶（Leaking bucket）

- 固定視窗計數器（Fixed window counter）

- 滑動視窗日誌記錄（Sliding window log）

- 滑動視窗計數器（Sliding window counter）

Token 桶演算法

Token 桶演算法在網路限速方面受到很廣泛的運用。它很簡單、容易理解，許多網路公司都是採用這種做法。Amazon [5] 與 Stripe [6] 都是用這種演算法來限制其 API 請求。

Token 桶演算法的工作原理如下：

- Token 桶指的是已預先定義好容量的一個容器。Token 會以定期的方式、以預設的速度放入桶中。桶子裝滿之後，就不再繼續放入 Token 了。如圖 4-4 所示，Token 桶的容量為 4。重新填入器（Refiller）會以每秒 2 個的速度把 Token 放入桶中。桶子一旦裝滿，額外的 token 就會滿出來（overflow）。

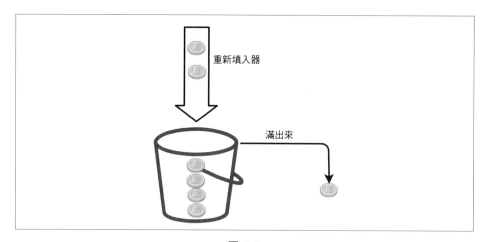

圖 4-4

- 每個請求都會消耗掉一個 Token。每出現一個請求時，我們都會檢查桶子裡有沒有足夠的 Token。圖 4-5 解釋了相應的工作原理。
  - 如果有足夠的 Token，我們就會取出一個 Token 給每一個請求，然後通過該請求。
  - 如果沒有足夠的 Token，該請求就會被丟棄。

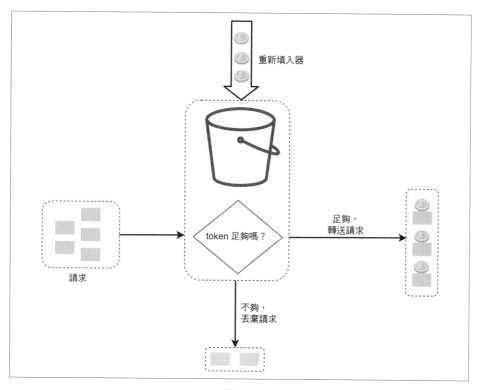

圖 4-5

圖 4-6 顯示的是 Token 被用掉、重新填入、以及限速邏輯的運作原理。在這個範例中，Token 桶的大小為 4，重新填入的速度為每分鐘 4 個。

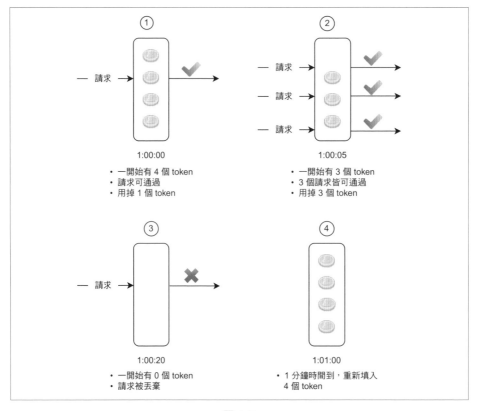

圖 4-6

Token 桶演算法會用到兩個參數：

- **桶子的大小**：桶子裡可以放入的最大 Token 數量
- **重新填入的速度**：定期放入桶中的 Token 數量

我們需要多少個桶子呢？這隨狀況而異，主要取決於限速規則。這裡有一些例子。

- 不同的 API 端點通常需要使用不同的桶子。舉例來說，如果可以讓使用者每秒發佈 1 則貼文、每天增加 150 個朋友、每秒對 5 則貼文按讚，那麼每個使用者就需要用到 3 個桶子。
- 如果我們需要根據 IP 位址對請求做出限制，那麼每個 IP 位址都需要一個桶子。

- 如果系統每秒最多可以接受 10,000 個請求,那麼所有請求共用一個桶子就是合理的做法。

優點:

- 這個演算法很容易進行實作。

- 以記憶體的使用來說很有效率。

- Token 桶可接受短時間內出現流量爆炸的情況。只要桶子裡還有 Token,就可以通過請求。

缺點:

- 這個演算法有兩個參數,分別是桶子的大小與 Token 重新填入的速度。要對這兩個參數做出適當的調整,可能蠻具有挑戰性。

漏水桶演算法

漏水桶演算法與 Token 桶的做法很類似,其不同之處在於請求是以固定的速度來進行處理。在進行實作時,通常是採用先進先出(FIFO)的佇列。這個演算法的工作原理如下:

- 每出現一個請求時,系統就會檢查佇列是否已滿。如果未滿,就把請求添加到佇列中。

- 如果佇列已滿,這個請求就會被丟棄。

- 請求會從佇列中被拉出來,然後以固定的間隔時間進行處理。

圖 4-7 解釋了這個演算法的工作原理。

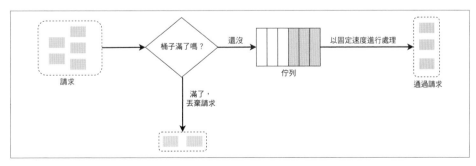

圖 4-7

漏水桶演算法會採用以下兩個參數：

- **桶子的大小**：也就等於是佇列的大小。這個佇列會把請求保存起來，然後以固定的速度進行處理。
- **流出的速度**：它定義的是固定時間間隔（通常是每秒）內處理請求的數量。

Shopify 這家電子商務公司，就是用漏水桶演算法做為網路限速的機制 [7]。

優點：

- 佇列的大小是有限的，因此可提高記憶體的使用效率。
- 請求是以固定的速度進行處理，因此很適合需要穩定流出速度（outflow rate）的使用狀況。

缺點：

- 如果出現瞬間大量的流量，舊請求就會塞滿佇列，此時若未能及時進行處理，新請求的處理速度就會收到影響。
- 這個演算法有兩個參數。想對這兩個參數做出恰當的調整，也許並沒有那麼容易。

固定視窗計數器演算法

固定視窗計數器演算法的工作原理如下：

- 這個演算法會把時間軸劃分成固定大小的時間視窗，然後指定一個計數器給每個視窗使用。
- 每個請求都會讓計數器加一。
- 一旦計數器達到預先定義的門檻值，新的請求就會被丟棄，直到下一次新的時間視窗開始，計數器歸零之後才能重新接受新的請求。

我們就用一個具體的範例，來看看它是怎麼運作的。在圖 4-8 中，時間單位為 1 秒，而系統每秒最多可接受 3 個請求。在每一秒的視窗中，如果收到 3 個以上的請求，額外的請求就會被丟棄，如圖 4-8 所示。

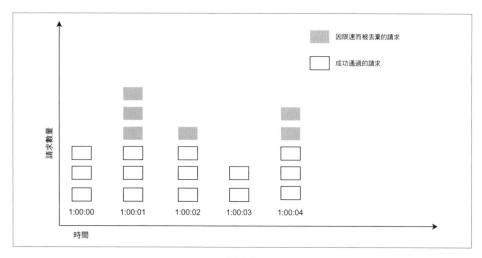

圖 4-8

這個演算法主要的問題是，時間視窗之間如果突然出現爆多的流量，實際上被接受的請求就有可能超過原本設定的限制數量。請考慮以下的情況：

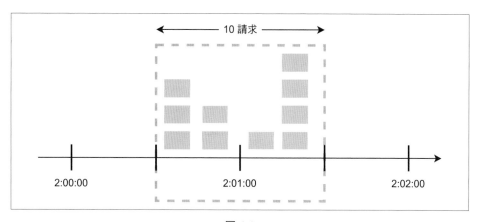

圖 4-9

在圖 4-9 中，系統每分鐘最多可接受 5 個請求，而這個可接受的數量，在切換到下一分鐘時就會進行重設。如圖所示，在 2:00:00 到 2:01:00 之間有五個請求，2:01:00 到 2:02:00 之間也有五個請求。但如果觀察 2:00:30 到 2:01:30 這一分鐘的視窗，就會發現總共通過了 10 個請求。那已經是可接受請求數量的兩倍了。

優點：

- 以記憶體的使用來說很有效率。

- 容易理解。

- 在單位時間視窗結束時，都會重設可用的配額，這種做法對於某些
  使用狀況來說特別合適。

缺點：

- 如果視窗切換時流量激增，就有可能導致系統通過的請求超過所允
  許的配額。

滑動視窗日誌記錄演算法

如前所述，固定視窗計數器演算法存在一個主要的問題：有可能在視窗切
換的前後，接受過多的請求。滑動視窗日誌記錄演算法則解決了此問題。
其工作原理如下：

- 這個演算法會追蹤請求的時間戳。時間戳資料通常保存在快取（例
  如 Redis 的已排序集合）[8]。

- 如果有新請求進來，就刪除掉所有過時的時間戳。所謂過時的時間
  戳，就是比目前時間視窗的開始時間更早的時間戳。

- 把新請求的時間戳添加到日誌中。

- 如果日誌記錄的數量等於或小於可接受的數量，就接受請求。否則
  的話，請求就會被拒絕。

我們就用圖 4-10 的範例來說明這個演算法。

在這個範例中，網路限速器每分鐘可接受 2 個請求。通常日誌記錄所儲存
的都是 Linux 時間戳。不過為了提高可讀性，我們在範例中使用了人類比
較容易理解的時間格式。

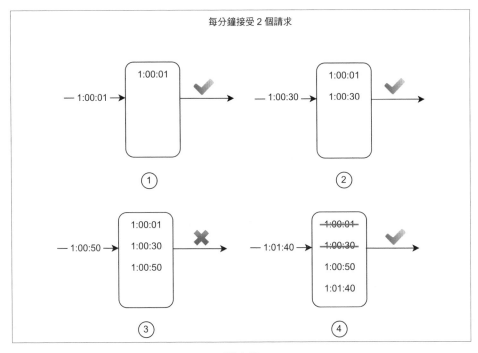

圖 4-10

- 新請求在 1:00:01 抵達時，日誌是空的。因此，這個請求被接受了。

- 1:00:30 又來了一個新請求，因此 1:00:30 這個時間戳被添加到日誌中。加入這個時間戳之後，日誌記錄的數量就變成 2，還沒有超過可接受的數量。因此，這個請求也被接受了。

- 1:00:50 又來了一個新請求，這個時間戳也被加入到日誌中。加入這個時間戳之後，日誌記錄的數量就變成 3，超過可接受的數量 2 了。因此，雖然時間戳還是繼續保留在日誌中，但這個請求會被拒絕。

- 1:01:40 又來了一個新請求。從 1:00:40 到 1:01:40 這段時間內的請求，都還落在最後一分鐘的範圍內，但 1:00:40 之前的請求，全都已經是過時的記錄了。像 1:00:01 與 1:00:30 這兩個時間戳，全都已經過時了，因此就會從日誌中被移除。移除操作完成之後，日誌記錄的數量就變回 2，於是最新的請求也被接受了。

優點：

- 用這個演算法實作出來的限速效果非常準確。在任何滾動的時間視窗內，請求的數量都不會超出限制。

缺點：

- 這個演算法會用到大量的記憶體，因為即使請求被拒絕，其時間戳還是會被保存在記憶體中。

滑動視窗計數器演算法

滑動視窗計數器演算法是一種融合「固定視窗計數器」與「滑動視窗日誌記錄」演算法的混合做法。這個演算法可透過兩種不同的方式來進行實作。我們會在本節解釋其中一種實作的方式，本節最後也會針對另一種實作方式提供相應的參考資料。圖 4-11 說明的就是這個演算法的工作原理。

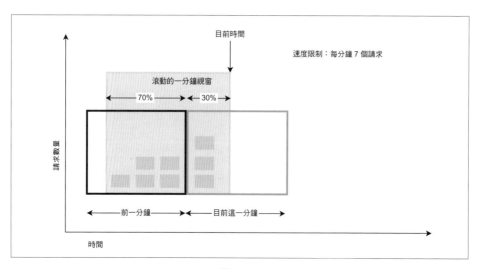

圖 4-11

假設網路限速器每分鐘最多可接受 7 個請求，而前一分鐘有 5 個請求，目前這一分鐘則有 3 個請求。對於目前這一分鐘前 30％位置出現的新請求來說，我們可以用以下的公式，計算出滾動的一分鐘視窗內請求的數量：

- 目前視窗內請求的數量 + 前一個視窗內請求的數量 * 滾動視窗與前一個視窗重疊的百分比

- 使用此公式，我們就可以得到 3 + 5 * 0.7％ = 6.5 個請求。根據實際的使用狀況，數字可以選擇無條件捨去或無條件進入。在這個範例中，我們採用無條件捨去的做法，得出 6 的結果。

由於網路限速器每分鐘最多可接受 7 個請求，因此目前這個請求還可以被接受。不過，如果再收到另一個請求，就會達到限制的數量了。

由於篇幅有限，我們這裡就不再討論另一種實作方式了。有興趣的讀者可參見我們所提供的參考資料 [9]。這個演算法並不完美。它還是有一些優點與缺點。

優點

- 由於我們是根據前一個視窗的平均速度來計算出速度參考值，因此它可以減緩流量突然出現高峰的問題。

- 以記憶體的使用來說很有效率。

缺點

- 這種做法只適用於回溯視窗限制不很嚴格的情況。實際上這種做法採用的是實際速度的近似值，因為這裡假設前一個視窗裡的請求，在時間上是均勻的分佈。不過，這個問題或許並不如想像中嚴重。根據 Cloudflare 所做的實驗 [10]，在 4 億次請求中，只有 0.003％ 的請求被錯誤地接受或拒絕。

高階架構

網路限速演算法的基本構想其實很簡單。從比較高階的角度來說，我們需要一個計數器來追蹤同一個使用者、同一個 IP 位址等等所發送的請求數量。如果數量超過了限制，就不接受該請求。

我們應該把計數器放在哪裡呢？由於磁碟的存取速度很緩慢，因此使用資料庫並不是一個好主意。之所以選擇記憶體快取，主要是因為速度快，而且可支援時間過期型策略。舉例來說，Redis [11] 就是用來實作網路限速器很常見的一種選擇。它是把資料保存在記憶體的一種儲存系統，提供了兩個指令：INCR 與 EXPIRE。

- INCR：把已儲存計數器的值加 1。

- EXPIRE：設定計數器的到期時間。如果超過到期時間，計數器就會自動被刪除。

圖 4-12 顯示的就是可用來實作網路限速的高階架構，其工作原理如下：

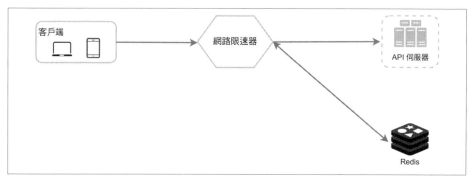

圖 4-12

- 客戶端向網路限速器發送請求。

- 網路限速器會從 Redis 相應的桶子裡取得計數器的值，檢查看看有沒有超出限制。

  ○ 如果超出限制，請求就會被拒絕。

  ○ 如果未超出限制，就把請求發送到 API 伺服器。於此同時，系統會把計數器的值加一，然後把值存回 Redis。

第三步驟——深入設計

圖 4-12 的高階設計並沒有回答以下這幾個問題：

- 如何建立網路限速規則？規則要保存在哪裡？

- 因限速而被拒絕的請求，該做什麼樣的處置？

我們在本節會先回答關於限速規則的問題，然後再介紹如何處理被拒絕請求的策略。最後，我們會討論分散式環境下網路限速的做法、詳細的設計、效能最佳化與監控等主題。

限速規則

Lyft 公開了他們的限速相關程式碼 [12]。因此我們得以一窺其內部的程式碼，而且可以從中看到一些限速規則的範例：

```
domain: messaging
descriptors:
  - key: message_type
    Value: marketing
    rate_limit:
      unit: day
      requests_per_unit: 5
```

在上面的範例中，系統設定每天最多可接受 5 則市場行銷（marketing）相關訊息。這裡還有另一個範例：

```
domain: auth
descriptors:
  - key: auth_type
    Value: login
    rate_limit:
      unit: minute
      requests_per_unit: 5
```

這個規則的意思是，客戶端登入的次數一分鐘內不能超過 5 次。這些規則通常會被寫入設定檔案，然後保存在磁碟中。

超出速度限制

如果請求次數超出了速度限制，API 就會向客戶端送回 HTTP 回應碼 429
（過多請求）。根據不同的使用狀況，我們可能會把這些超出速度限制的
請求加到某個佇列中，以便稍後再進行處理。舉例來說，如果有某些訂單
因為系統超載而被限速規則擋下來，我們可能還是要先把這些訂單保留起
來，等到隨後再進行處理。

網路限速器回應的標頭

客戶端怎麼知道它有沒有受到限制呢？客戶端怎麼知道還能做出多少次請
求，才會受到限制呢？答案就在 HTTP 回應的標頭內。網路限速器會把
如下的 HTTP 標頭送回給客戶端：

X-Ratelimit-Remaining：在目前的視窗內，還可接受多少次請求。

X-Ratelimit-Limit：客戶端在每個時間視窗內可進行多少次請求。

X-Ratelimit-Retry-After：接下來還要等待幾秒鐘，才能解除限制、再次發
送出請求。

如果使用者發送出太多的請求，就會有 429 過多請求的錯誤與 *X-Ratelimit-Retry-After* 標頭被送回給客戶端。

詳細的設計

圖 4-13 顯示的就是整個系統詳細的設計圖。

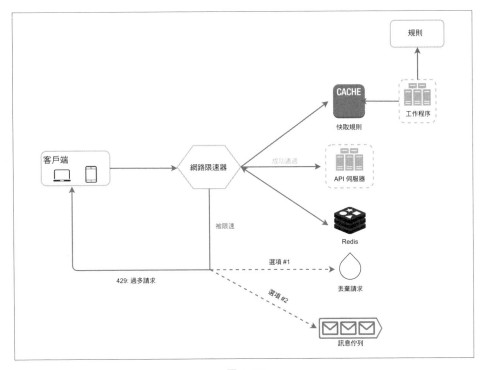

圖 4-13

- 限速規則儲存在磁碟中。Worker 工作程序會定期從磁碟取出規則，
  然後把這些規則儲存到快取中。

- 客戶端向伺服端發送請求時，這個請求會先被發送到網路限速器。

- 網路限速器會從快取載入規則。然後它會從 Redis 快取取得計數器
  的值，以及前一次請求的時間戳。網路限速器可根據回應做出以下
  的判斷：

  ○ 如果請求並沒有受到速度的限制，就會被轉送到 API 伺服器。

  ○ 如果請求受到了速度的限制，網路限速器就會把 429 過多請求的
    錯誤送回給客戶端。於此同時，這個請求也會被丟棄，或是轉送
    到一個佇列中。

分散式環境下的網路限速器

在單一伺服器的環境下，建立網路限速器並不困難。但如果想擴展系統，支援多個伺服器與並行的執行緒，那就是另一回事了。這裡會有兩個挑戰：

- 競爭狀況（Race condition）
- 同步問題（Synchronization issue）

競爭狀況

如前所述，若從高階角度來看，網路限速器的運作方式如下：

- 從 Redis 讀取計數器的值。
- 檢查（**計數值 + 1**）有沒有超過門檻值。
- 如果沒有，就把 Redis 裡的計數值加 1。

在高度並行的環境下，就有可能發生競爭狀況，如圖 4-14 所示。

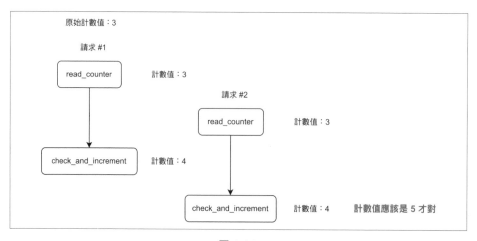

圖 4-14

假設 Redis 裡的計數器數值為 3。如果有兩個請求都在寫回計數器的值之前讀取了計數器的值，隨後兩個請求都會把計數器的值加一，然後把值寫回計數器，這兩個請求都不會知道還有另一個執行緒的存在。這兩個請求

（執行緒）都會認為，它們擁有正確的計數器數值 4。不過，其實正確的計數器數值應該是 5 才對。

鎖定機制（Lock）是解決競爭狀況最明顯的一種做法。不過，鎖定機制會大大降低系統的速度。另外還有兩種常用的策略，可用來解決此問題：Lua 腳本 [13] 與 Redis 的已排序集合資料結構 [8]。讀者如果對這些策略有興趣，請參考相應的參考資料 [8] [13]。

同步問題

在分散式環境下，同步（Synchronization）是另一個必須考慮的重要因素。如果要支援好幾百萬的使用者，單獨一個網路限速伺服器恐怕不足以處理所有的流量。如果使用多個網路限速伺服器，則會有同步的問題。舉例來說，在圖 4-15 的左側，客戶端 #1 會把請求發送到網路限速器 #1，客戶端 #2 則會把請求發送到網路限速器 #2。由於 Web 層是無狀態的（stateless），因此客戶端也有可能把請求發送到另一個不同的網路限速器，如圖 4-15 右側所示。如果沒有進行同步處理，網路限速器 #1 可能就不會有任何關於客戶端 #2 的資料。如此一來，網路限速器就無法正常運作了。

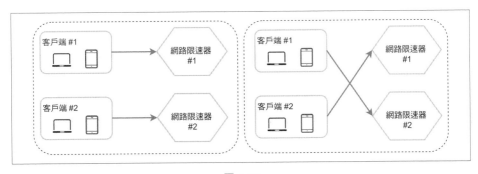

圖 4-15

其中一種可能的解決方案，就是使用所謂的粘性 session（sticky session），讓客戶端自動把流量發送到同一個網路限速器。不過我們建議不要使用這種解決方式，因為這種做法既無法擴展、也不夠靈活。更好的做法應該是使用 Redis 這類的集中式資料儲存系統。其設計如圖 4-16 所示。

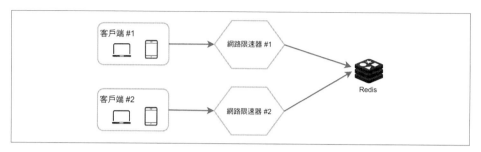

圖 4-16

效能最佳化

效能最佳化是系統設計面試很常見的主題。我們所要討論的改進方式，會涵蓋兩個方面。

第一，多資料中心的配置方式對於網路限速器來說非常重要，因為遠離資料中心的使用者一定會面臨延遲時間很高的問題。大多數的雲端服務供應商，都會在世界各地建立許多邊緣（edge）伺服器。舉例來說，截至 2020 年 5 月 20 日為止，Cloudflare 擁有 194 個邊緣伺服器，分別分佈在地理上各個不同的地區 [14]。流量會自動被轉送到距離最近的邊緣伺服器，以降低延遲的情況。

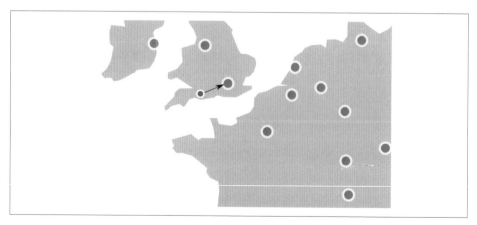

圖 4-17（資料來源：[10]）

第二，可運用「終究一致性」（eventual consistency）模型來同步資料。如果你不大瞭解什麼是終究一致性模型，請參見「第 6 章：設計鍵值儲存系統」其中探討「一致性」的章節內容。

監控

網路限速器安排就緒之後，匯整分析資料的工作也很重要，因為這樣才能檢查網路限速器是否以很有效率的方式正常運作。我們主要想確認的是：

- 網路限速演算法是否很有效率。
- 網路限速規則是否很有效率。

舉例來說，如果網路限速規則太嚴格，就會丟棄掉許多正確的請求。在這樣的情況下，我們就會想稍微放寬規則。我們還要注意另一種情況，例如流量突然增加時（比如限時搶購活動），網路限速器可能也會失效。在這樣的情況下，我們可以換一種演算法，以應付這種突發的流量。Token 桶演算法就很適合這樣的情況。

第四步驟——匯整總結

本章討論了好幾種不同的網路限速演算法及其優缺點。討論過的演算法包括：

- Token 桶
- 漏水桶
- 固定視窗計數器
- 滑動視窗日誌記錄
- 滑動視窗計數器

然後，我們也討論了分散式環境下網路限速器的系統架構、效能最佳化與監控的做法。不管是哪一種系統設計面試問題都一樣，如果時間允許的話，你都可以提出一些其他的想法：

- 網路限速的硬性限制 vs. 軟性限制。
    - **硬性限制**：請求數量絕不能超過門檻值。
    - **軟性限制**：請求可以在短時間內超過門檻值。

- 不同等級的限速做法。我們在本章只討論應用層（HTTP：第七層）的限速做法。其實在其他層也可以套用限速的做法。舉例來說，你可以利用 Iptables [15] 針對 IP 位址（IP：第三層）套用限速的做法。請注意：OSI（Open Systems Interconnection；開放系統互連）模型共有 7 層 [16]，從第 1 層到第 7 層分別是——實體層、資料連結層、網路層、傳輸層、會話層、表現層、應用層。

- 我們也應該盡量避免自己在客戶端這邊受到速度上的限制。在設計客戶端時，最佳的實務做法如下：
    - 運用客戶端快取，避免過度頻繁調用 API。
    - 瞭解速度限制，不要在短時間內發送太多請求。
    - 在程式碼中捕捉異常或錯誤狀況，好讓你的客戶端可以優雅地從異常狀況恢復過來。
    - 添加足夠的退避時間（back off time），好讓邏輯有機會重新進行嘗試。

恭喜你跟我們走到了這裡！現在你可以拍拍自己的肩膀。你真是太棒了！

參考資料

[1] Rate-limiting strategies and techniques（限速策略與技術）：
https://cloud.google.com/solutions/rate-limiting-strategies-techniques

[2] Twitter rate limits（Twitter 在速度上的限制）：
https://developer.twitter.com/en/docs/basics/rate-limits

[3] Google docs usage limits（Google 文件在使用上的限制）：
https://developers.google.com/docs/api/limits

[4] IBM microservices（IBM 微服務）：https://www.ibm.com/cloud/learn/microservices

[5] Throttle API requests for better throughput（限制 API 請求以提高吞吐量）：
https://docs.aws.amazon.com/apigateway/latest/developerguide/api-gateway-request-throttling.html

[6] Stripe rate limiters（Stripe 的網路限速器）：https://stripe.com/blog/rate-limiters

[7] Shopify REST Admin API rate limits（Shopify REST 管理 API 在速度上的限制）：
https://help.shopify.com/en/api/reference/rest-admin-api-rate-limits

[8] Better Rate Limiting With Redis Sorted Sets（運用 Redis 已排序集合做出更好的速度限制）：
https://engineering.classdojo.com/blog/2015/02/06/rolling-rate-limiter/

[9] System Design — Rate limiter and Data modelling（系統設計──網路限速器與資料模型化）：
https://medium.com/@saisandeepmopuri/system-design-rate-limiter-and-data-modelling-9304b0d18250

[10] How we built rate limiting capable of scaling to millions of domains（網域擴展到百萬使用者規模時，如何建立速度限制能力）：
https://blog.cloudflare.com/counting-things-a-lot-of-different-things/

[11] Redis website（Redis 網站）：https://redis.io/

[12] Lyft rate limiting（Lyft 在速度上的限制）：https://github.com/lyft/ratelimit

[13] Scaling your API with rate limiters（用網路限速器擴展你的 API）：
https://gist.github.com/ptarjan/e38f45f2dfe601419ca3af937fff574d#request-rate-limiter

[14] What is edge computing（什麼是邊緣運算）：
https://www.cloudflare.com/learning/serverless/glossary/what-is-edge-computing/

[15] Rate Limit Requests with Iptables（運用 Iptables 來限制請求的速度）：
https://blog.programster.org/rate-limit-requests-with-iptables

[16] OSI model（OSI 模型）：https://en.wikipedia.org/wiki/OSI_model#Layer_architecture

設計具有一致性的雜湊做法

為了實現水平擴展，其中很重要的一件事就是在伺服器之間，能以很有效率、很均勻的方式分配請求與資料。具有一致性的雜湊做法（consistent hashing）就是實現此目標的一種常用技術。不過，一開始我們要先深入探討一下雜湊值重新計算的問題。

重新計算雜湊值的問題

如果你有 n 個快取伺服器，為了平衡負載，其中一種常用的做法就是採用以下的雜湊做法：

伺服器編號 $= hash$（鍵值）$\% N$，其中 N 就是伺服器的數量。

我們就用一個範例來說明它的運作方式。如表 5-1 所示，我們有 4 部伺服器，還有 8 個字串鍵（key）及其相應的雜湊值。

表 5-1

key 鍵	雜湊值	雜湊值 % 4
key0	18358617	1
key1	26143584	0
key2	18131146	2
key3	35863496	0
key4	34085809	1
key5	27581703	3
key6	38164978	2
key7	22530351	3

為了判斷各個鍵應保存在哪一部伺服器，我們執行了「取餘數」的運算 *f(key) % 4*。舉例來說，如果 *hash(key0) % 4 = 1*，就表示客戶端必須從伺服器 #1 取得快取資料。圖 5-1 顯示的就是表 5-1 各個鍵的分佈情況。

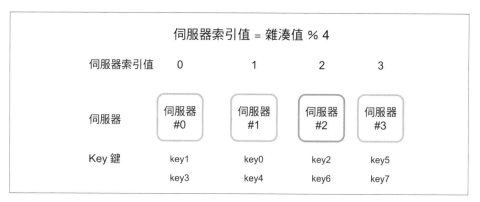

圖 5-1

如果伺服器的數量是固定的，而且資料的分佈很均勻，這種做法就有很好的效果。不過，如果添加新的伺服器，或是刪除現有的伺服器，問題就來了。舉例來說，如果伺服器 #1 離線，伺服器的數量就會變為 3。如果還是使用相同的雜湊函式，就會得出相同的雜湊值。但如果還是套用「取餘數」的計算方式，我們就會得出不同的伺服器編號結果，因為現在伺服器的數量少了 1。如果套用**雜湊值 % 3** 的做法，我們就會得到表 5-2 所示的結果：

表 5-2

key 鍵	雜湊值	雜湊值 % 3
key0	18358617	0
key1	26143584	0
key2	18131146	1
key3	35863496	2
key4	34085809	1
key5	27581703	0
key6	38164978	1
key7	22530351	0

圖 5-2 顯示的就是根據表 5-2 所得出各個鍵的最新分佈狀況。

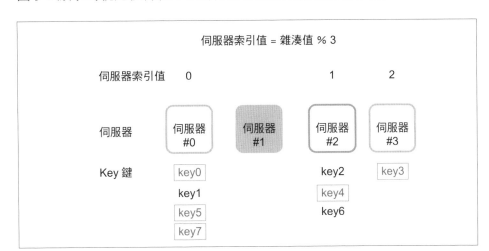

圖 5-2

如圖 5-2 所示,大多數的鍵都被重新分配到不同的伺服器,而且受影響的並不只有當初保存在離線伺服器(伺服器 #1)其中的那些鍵。這也就表示,一旦伺服器 #1 離線,大多數快取客戶端就會連到錯誤的伺服器,而無法取得正確的資料。這樣肯定會導致大量快取失效的問題。具有一致性的雜湊做法(consistent hashing)就是緩解此問題的有效技術。

具有一致性的雜湊做法

以下內容引自維基百科:「具有一致性的雜湊做法是一種特殊的雜湊做法,如果使用了具有一致性的雜湊做法,當雜湊表的大小改變時,平均而言只會有 k/n 個鍵(key)需要重新調整對應關係,其中 k 是 key 鍵的數量,n 則是 slot 槽的數量。相較之下,在大多數傳統的雜湊表中,slot 槽的數量一旦改變,幾乎所有 key 鍵都要重新調整對應關係 [1]」。

雜湊空間與雜湊環

現在我們已經瞭解具有一致性雜湊做法的定義，接著就來看看它是如何運作的。假設我們用 SHA-1 來做為雜湊函式 f，雜湊函式的輸出範圍是：$x_0, x_1, x_2, x_3, ..., x_n$。在密碼學中，SHA-1 的雜湊空間（hash space）是從 0 到 2^160-1。這也就表示，x_0 對應到 0，x_n 對應到 2^160 − 1，中間所有其他的雜湊值，全都介於 0 到 2^160-1 之間。圖 5-3 顯示的就是雜湊空間的概念。

圖 5-3

我們把兩端接起來，就可以得到一個雜湊環（hash ring），如圖 5-4 所示：

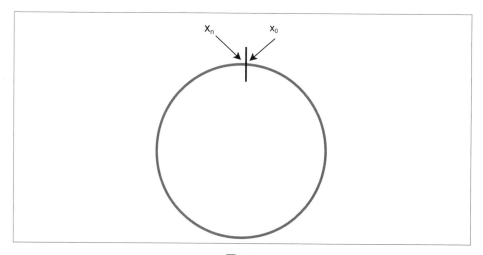

圖 5-4

雜湊伺服器

我們可以用相同的雜湊函式 f，根據伺服器的 IP 或名稱，把伺服器對應到這個環上。圖 5-5 顯示的就是 4 部伺服器對應到這個雜湊環上的情況。

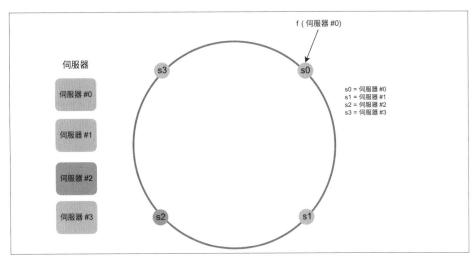

圖 5-5

雜湊鍵

值得一提的是，此處使用的雜湊函式與前面「重新計算雜湊值的問題」裡的雜湊函式不同，其中並沒有進行「取餘數」的運算。如圖 5-6 所示，4個快取鍵（key0、key1、key2、key3）進行雜湊計算後，分別落到了雜湊環上的四個位置。

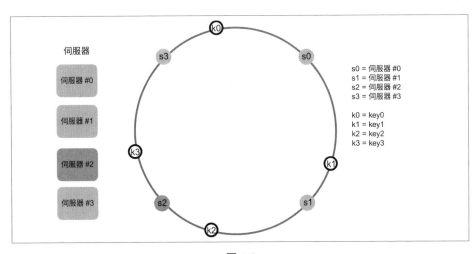

圖 5-6

伺服器查詢

為了判斷各個鍵應保存在哪一部伺服器，我們會從各個鍵在環上的位置開始，沿順時針方向找到一部伺服器。圖 5-7 說明的就是這個程序。沿著順時針的方向，*key0* 就會被保存在伺服器 *#0*；*key1* 保存在伺服器 *#1*；*key2* 保存在伺服器 *#2*，*key3* 則保存在伺服器 *#3*。

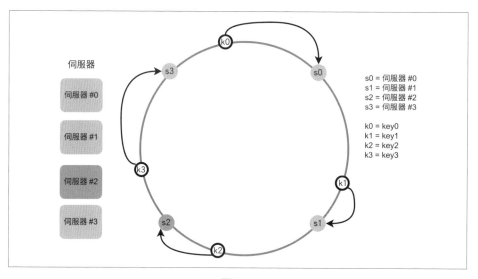

圖 5-7

添加一部伺服器

如果添加了一部新的伺服器，運用上述的邏輯，就只需要重新分配其中一部分的鍵。

在圖 5-8 中，添加一部新的伺服器 *#4* 之後，只有 *key0* 需要重新進行分配。*k1*、*k2*、*k3* 全都繼續保存在原本的伺服器。我們可以仔細看一下這個邏輯。添加伺服器 *#4* 之前，*key0* 會被保存在伺服器 *#0*。現在 *key0* 會被重新保存到伺服器 *#4*，因為現在它從環上的 *key0* 位置沿順時針方向移動，所遇到的第一部伺服器就是伺服器 *#4*。如果採用這個具有一致性的雜湊演算法，其他鍵就不需要重新進行分配了。

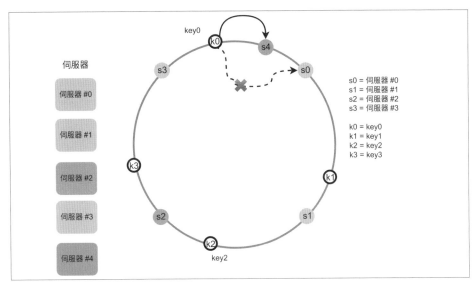

圖 5-8

移除一部伺服器

如果採用具有一致性的雜湊做法,移除一部伺服器之後,也只有一小部分的鍵需要重新進行分配。在圖 5-9 中,*伺服器 #1* 被移除之後,就只有 *key1* 需要被重新對應到*伺服器 #2*。其餘的鍵全都不會受到影響。

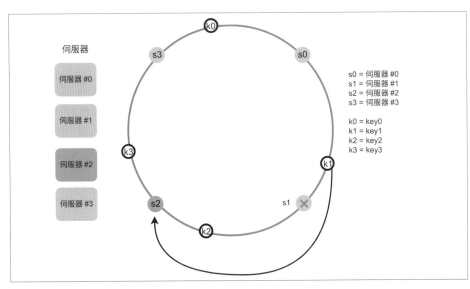

圖 5-9

基本做法的兩個問題

這個具有一致性的雜湊演算法，是由麻省理工學院的 Karger 等人所引進的做法 [1]。其基本步驟如下：

- 使用一種均勻分佈的雜湊函式，把伺服器與各個鍵對應到環上。

- 如果要找出某個鍵對應到哪個伺服器，可以從鍵的位置開始沿著順時針方向移動，直到找出環上第一部伺服器為止。

這種做法會有兩個問題。第一，由於可添加或移除伺服器，因此不可能讓所有伺服器在環上保留相同大小的分區。分區（partition）指的是相鄰伺服器之間的雜湊空間。每部伺服器在環上相應分區的大小，有可能非常小，也有可能相當大。在圖 5-10 中，如果移除了 *s1*，*s2* 的分區（雙向箭頭所標識的範圍）就會變成 *s0* 與 *s3* 這兩個分區的兩倍左右。

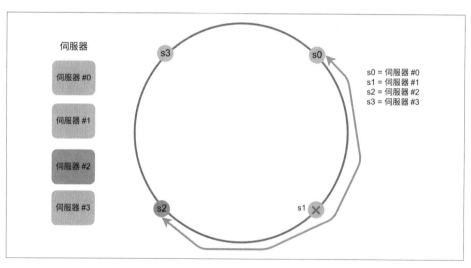

圖 5-10

第二，各個鍵在環上的分佈，或許並沒有想像中那麼均勻。舉例來說，如果伺服器對應的是圖 5-11 所列出的位置，那麼大多數的鍵就會保存在伺服器 *#2*。至於伺服器 *#1* 與伺服器 *#3*，則沒有保存到任何的資料。

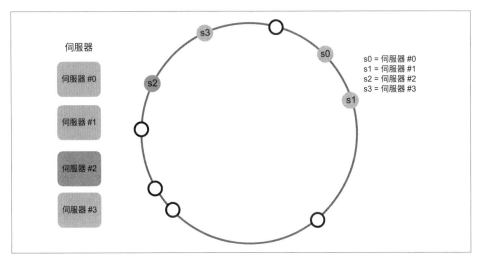

圖 5-11

這裡有一種稱為虛擬節點（virtual node）或副本（replicas）的技術，可用來解決以上的問題。

虛擬節點

每個虛擬節點都會指向一個真實的節點，而每部伺服器都可以用環上的多個虛擬節點來表示。在圖 5-12 中，*伺服器 #0* 與 *伺服器 #1* 都各有 3 個虛擬節點。3 這個數字是隨意選擇的；在現實世界的系統中，虛擬節點的數量通常會比這個數字大得多。這裡不再使用 *s0*，而是用環上的 *s0_0*、*s0_1*、*s0_2* 來代表伺服器 *#0*。同樣的，環上的 *s1_0*、*s1_1*、*s1_2* 則用來代表伺服器 *#1*。因為有這麼多個虛擬節點，因此每個伺服器都會對應到多個分區。其中標籤為 *s0* 的分區，全都是由伺服器 *#0* 來負責管理。標籤為 *s1* 的分區，則都是由伺服器 *#1* 來負責管理。

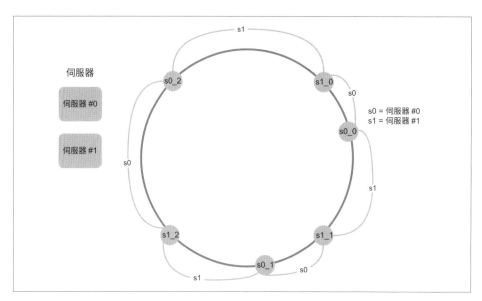

圖 5-12

為了查出各個鍵保存在哪個伺服器，我們會從鍵的位置往順時針方向移動，在環上找出所遇到的第一個虛擬節點。在圖 5-13 中，如果想查出 *k0* 保存在哪個伺服器，就從 *k0* 的位置往順時針方向移動，這樣就可以找到虛擬節點 *s1_1*，它代表的就是伺服器 *#1*。

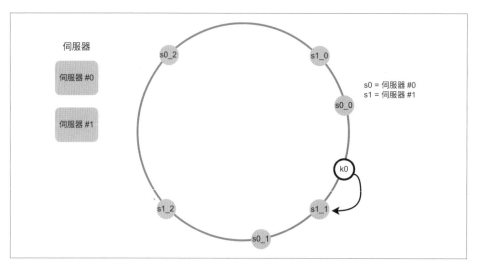

圖 5-13

虛擬節點的數量越多，各個鍵的分佈也就越均勻。這是因為虛擬節點的數量越多，標準差就會變得越來越小，進而導致均勻的資料分佈。這裡的標準差（standard deviation），衡量的就是資料分佈的情況。根據網路上的研究 [2] 所進行的實驗結果顯示，針對一、兩百個虛擬節點的情況，標準差大約會落在平均值的 5％（200 個虛擬節點）到 10％（100 個虛擬節點）之間。如果我們繼續增加虛擬節點的數量，標準差還會變得更小。不過，這樣也就需要更多的空間，來儲存虛擬節點的資料。這是一個需要權衡取捨的問題，我們可以自行調整虛擬節點的數量，以符合我們的系統要求。

找出受影響的鍵

添加或移除伺服器時，就會有一部分資料需要重新進行分配。我們該如何找出受影響的範圍，以便重新分配受影響的各個鍵呢？

在圖 5-14 中，伺服器 #4 被添加到了環上。受影響的範圍就是從 s4（新添加的節點）開始，往逆時針方向移動，直到遇見另一個伺服器（s3）為止。因此，位置落在 s3 與 s4 之間的各個鍵，全都需要重新分配給 s4。

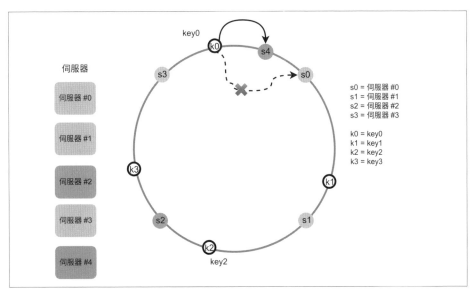

圖 5-14

91

如果像圖 5-15 所示，我們移除了某個伺服器（*s1*），受影響的範圍就是從
s1（已刪除的節點）開始，沿著環往逆時針方向移動，直到遇見另一個伺
服器（*s0*）為止。如此一來，位置落在 *s0* 與 *s1* 之間的所有鍵，就要全部
重新分配給 *s2* 了。

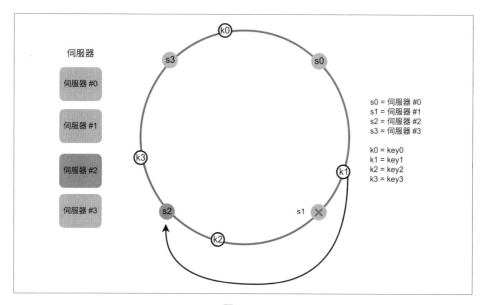

圖 5-15

匯整總結

我們在本章針對具有一致性的雜湊做法進行了深入的討論，其中包括為何
需要這種類型的雜湊做法，以及相應的運作原理。具有一致性的雜湊做法
其優勢如下：

- 添加或移除伺服器時，可以讓需要重新分配的鍵數量最小化。

- 由於資料分佈更均勻，因此很容易進行水平擴展。

- 可緩解其中某些鍵特別熱門的問題。如果經常需要針對特定分片進行過多的存取，這樣很可能會導致伺服器超載的問題。你可以想像一下，如果把 Katy Perry（凱蒂・佩芮）、Justin Bieber（小賈斯汀）與 Lady Gaga（女神卡卡）的資料全都放在同一個分片中，會出現什麼樣的問題。只要採用具有一致性的雜湊做法，就可以更均勻分散資料，以緩解這樣的問題。

具有一致性的雜湊做法在現實世界的系統中廣泛被運用，其中還包括一些特別值得關注的系統：

- 亞馬遜 Dynamo 資料庫的分區元件（partitioning component）[3]

- Apache Cassandra 裡跨集群的資料分區 [4]

- Discord 聊天應用 [5]

- Akamai 內容傳遞網路（CDN）[6]

- Maglev 網路負載平衡器 [7]

恭喜你跟我們走到了這裡！現在你可以拍拍自己的肩膀。你真是太棒了！

參考資料

[1] Consistent hashing（具有一致性的雜湊做法）：
https://en.wikipedia.org/wiki/Consistent_hashing

[2] Consistent Hashing（具有一致性的雜湊做法）：
https://tom-e-white.com/2007/11/consistent-hashing.html

[3] Dynamo: Amazon's Highly Available Key-value Store（Dynamo：亞馬遜的高可用性鍵值儲存系統）：https://www.allthingsdistributed.com/files/amazon-dynamo-sosp2007.pdf

[4] Cassandra - A Decentralized Structured Storage System（Cassandra：去中心化的結構化儲存系統）：http://www.cs.cornell.edu/Projects/ladis2009/papers/Lakshman-ladis2009.PDF

[5] How Discord Scaled Elixir to 5,000,000 Concurrent Users（Discard 如何把 Elixir 擴展到 5 百萬並行使用者的規模）：https://blog.discord.com/scaling-elixir-f9b8e1e7c29b

[6] CS168: The Modern Algorithmic Toolbox Lecture #1: Introduction and Consistent Hashing（CS168：現代演算法工具箱的第一課：具有一致性的雜湊做法簡介）：http://theory.stanford.edu/~tim/s16/l/l1.pdf

[7] Maglev: A Fast and Reliable Software Network Load Balancer（Meglev：一種快速可靠的軟體網路負載平衡器）：
https://static.googleusercontent.com/media/research.google.com/en//pubs/archive/44824.pdf

6

設計鍵值儲存系統

鍵值儲存系統（key-value store，也叫做鍵值資料庫）屬於一種非關聯式資料庫。每個鍵（key）都是唯一而不重複的標識符號，它會與相應的值（value）一起被儲存起來。這種成對的資料，就是所謂的「鍵值對」（key-value pair）。

「鍵值對」其中的鍵，一定是唯一而不重複的，因此只要透過這個鍵，就可以存取到相應的值。鍵有可能是一般的純文字，也可以是雜湊值。基於效能上的理由，比較短的鍵效率會更好一些。鍵究竟是長什麼樣子呢？這裡有幾個例子：

- 純文字鍵："last_logged_in_at"
- 雜湊鍵：253DDEC4

「鍵值對」其中的值，有可能是字串、列表、物件等。在各種鍵值儲存系統中（例如 Amazon dynamo [1]、Memcached [2]、Redis [3] 等），「值」通常會被視為不透明（opaque）的物件。

下面顯示的就是鍵值儲存系統裡的一段資料：

表 6-1

Key（鍵）	Value（值）
145	john
147	bob
160	julia

本章要求你設計出一個可支援以下操作的鍵值儲存系統：

- put(key, value) // 插入一組與「key」鍵相關聯的「value」值

- get(key) // 取出與「key」鍵相關聯的「value」值

瞭解問題並確立設計的範圍

天底下沒有完美的設計。每一種設計都必須在記憶體讀取、寫入與使用方面進行取捨，以達到某種特定的平衡。在一致性與可用性之間，也需要進行權衡取捨。我們會在本章設計出一套鍵值儲存系統，它具備了以下的特性：

- 鍵值對的尺寸很小：小於 10 KB。

- 有能力儲存大數據資料。

- 高可用性：即使發生故障，系統也可以快速回應。

- 高擴展性：系統可進行擴展，以支援大型資料集。

- 自動擴展：應該可以根據流量，自動添加 / 移除伺服器。

- 可調整系統一致性的程度。

- 低延遲。

單一伺服器的鍵值儲存系統

在單一伺服器開發出一個鍵值儲存系統，其實很容易。其中一種很直觀的做法，就是把「鍵值對」全都保存在記憶體裡的雜湊表之中。雖然記憶體的存取速度很快，但由於空間上的限制，要把所有內容全都放入記憶體，有可能是辦不到的事。這時我們就可以採用兩種最佳化的做法，好讓單一伺服器容納更多的資料：

- 資料壓縮

- 只把常用資料放在記憶體，其餘則放到磁碟中

即使採用這些最佳化的做法，單一伺服器還是有可能很快就達到容量的限制。這時就需要採用分散式的鍵值儲存系統，以支援更大的資料量。

分散式鍵值儲存系統

分散式鍵值儲存系統也稱為分散式雜湊表，這種做法會把「鍵值對」分散到許多伺服器中。在設計分散式系統時，先瞭解什麼是 CAP 定理（**C**onsistency 一致性、**A**vailability 可用性、**P**artition Tolerance 分區容錯能力），是一件很重要的事。

CAP 定理

CAP 定理指出，針對以下三個面向：一致性，可用性與分區容錯能力，分散式系統絕不可能三者兼顧，最多只能顧好其中兩個面向。我們先來定義一些東西。

一致性（Consistency）：一致性就表示，無論連接到系統內的哪一個節點，所有客戶端都能在同一時間看到相同的資料。

可用性（Availability）：可用性指的是，就算系統內的某些節點發生故障，請求資料的客戶端還是能得到回應。

分區容錯能力（Partition Tolerance）：分區（partition）就意味著兩個節點之間的溝通是斷開的。分區容錯能力就表示，即使系統內的兩個節點斷了線，彼此間無法進行溝通，系統還是可以持續運作。

CAP 定理指出，我們一定要犧牲這三個屬性其中之一，才能支援這三個屬性其中的另外兩個屬性，如圖 6-1 所示。

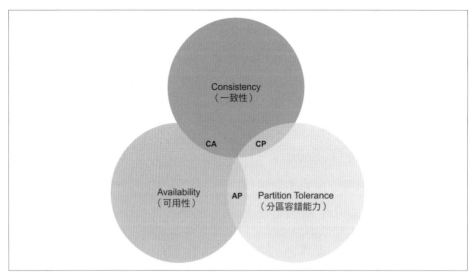

圖 6-1

現今的各種鍵值儲存系統，都會根據所支援的其中兩個 CAP 特性來予以分類：

CP（一致性與分區容錯能力）系統：CP 鍵值儲存系統可支援一致性與分區容錯能力，不過卻犧牲了可用性。

AP（可用性與分區容錯能力）系統：AP 鍵值儲存系統可支援可用性與分區容錯能力，不過卻犧牲了一致性。

CA（一致性與可用性）系統：CA 鍵值儲存系統可支援一致性與可用性，不過卻犧牲了分區容錯能力。由於網路故障是無可避免的情況，因此分散式系統一定要有網路分區容錯的能力。正因為如此，所以在實際的應用中，並不會採用 CA 系統。

你在前面所閱讀的內容，幾乎都是定義的部分。為了更容易理解，我們就來看一些具體的範例。在分散式系統中，資料通常會被複製很多次。假設資料被複製到三個副本節點 *n1*、*n2* 與 *n3*，如圖 6-2 所示。

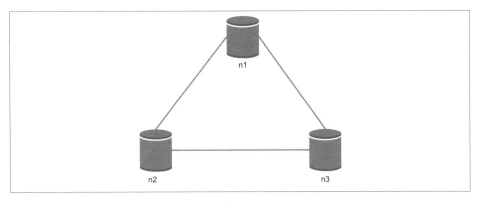

圖 6-2

理想情況

在理想情況下，永遠不會發生網路分區的問題。寫入 $n1$ 的資料自動就會複製到 $n2$ 與 $n3$。如此即可達到一致性與可用性。

現實世界的分散式系統

在分散式系統中，分區是無法避免的情況；發生分區的問題時，我們就必須在一致性與可用性之間進行抉擇。在圖 6-3 中，$n3$ 因為某種原因而離線，因此無法與 $n1$ 與 $n2$ 進行溝通。如果客戶端把資料寫入 $n1$ 或 $n2$，資料並不能順利傳遞給 $n3$。如果把資料寫入 $n3$ 但沒有傳遞給 $n1$ 與 $n2$，$n1$ 與 $n2$ 也就只能保有舊的資料。

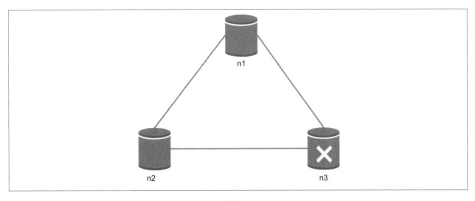

圖 6-3

如果我們選擇一致性而非可用性（CP 系統），就必須阻止所有對 *n1* 與 *n2* 的寫入操作，以避免這三部伺服器之間的資料不一致，這樣一來系統就會出現不可用的問題。銀行系統對於一致性通常有極高的要求。舉個例子，以銀行系統來說，正確顯示最新餘額是非常重要的事。如果因為網路分區斷線而出現不一致的問題，銀行系統就會在不一致的問題解決之前，先發出目前系統有問題的通知。

但如果我們選擇可用性而非一致性（AP 系統），即使系統有可能送出舊資料，它還是會持續接受讀取操作。針對寫入操作，*n1* 與 *n2* 還是會繼續接受寫入操作，然後在解決網路分區的問題之後，再把資料同步到 *n3*。

針對你實際的使用狀況，選擇合適的 CAP 保證項目，可說是構建分散式鍵值儲存系統的重要一步。你可以先與你的面試官討論此問題，然後再設計出相應的系統。

系統的構成元素

我們打算在本節討論以下這些核心元素與技術，以構建出相應的鍵值儲存系統：

- 資料分區（data partition）
- 資料複製（data replication）
- 一致性
- 不一致問題的解決方式
- 故障的處理方式
- 系統架構圖
- 寫入途徑
- 讀取途徑

以下內容主要是以三個很受歡迎的鍵值儲存系統為基礎：Dynamo [4]、Cassandra [5] 與 BigTable [6]。

資料分區

對於大型應用來說，把全部完整的資料集放在單一伺服器，是一種不可行的做法。最簡單的做法就是把資料拆分成比較小的幾個分區，然後儲存到多個伺服器中。資料進行分區時，會面臨兩個挑戰：

- 如何在多個伺服器之間均勻分配資料。

- 添加或移除節點時，如何最大程度減少資料的移動。

第 5 章討論過具有一致性的雜湊做法，就是解決此類問題的一種好方法。我們在這裡會用比較高階的角度重新檢視一下，具有一致性的雜湊做法相應的工作原理。

- 首先，伺服器會被放到雜湊環上。在圖 6-4 中，$s0$、$s1$、...、$s7$ 所代表的八部伺服器全都被放到雜湊環上。

- 接著有一個鍵也進行了雜湊運算，而被放到了同一個雜湊環上，然後往順時針方向移動，遇到了一部伺服器，就把資料保存到這部伺服器中。舉例來說，$key0$ 運用此邏輯，最後保存到 $s1$ 之中。

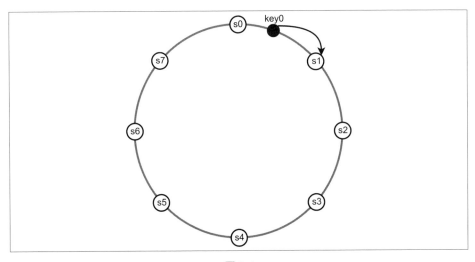

圖 6-4

101

使用具有一致性的雜湊做法來對資料進行分區，有以下幾個優點：

自動擴展：可根據負載的情況，自動添加或移除伺服器。

可因應不均勻性（Heterogeneity；異質性）的問題：我們可以讓伺服器對應的虛擬節點數量，與伺服器的容量成正比。舉例來說，如果某個伺服器的容量比較大，只要指定比較多的虛擬節點給它就可以了。

資料複製

為了達到高可用性與可靠性（reliability），資料必須在 N 部伺服器之間，以非同步的方式進行複製，其中的 N 是一個可設定的參數。我們會採用以下的邏輯，選出 N 部伺服器：把鍵對應到雜湊環的某個位置之後，就從該位置往順時針方向移動，然後選擇前 N 部伺服器來儲存資料副本。在圖 6-5 中，*key0* 會被複製到 *s1*、*s2*、*s3*（N = 3）。

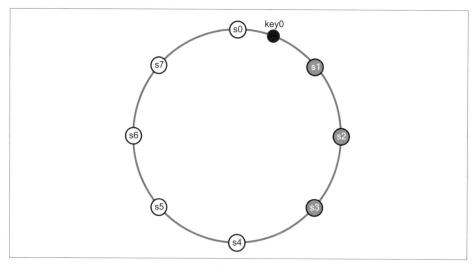

圖 6-5

如果採用虛擬節點的做法，前 N 個節點所對應的實體伺服器數量有可能會少於 N。為了避免此問題，我們在執行順時針方向移動的邏輯時，並不會重複選擇之前選過的伺服器。

同一個資料中心的節點，有可能會因為停電、網路問題、自然災害等因素，而同時發生故障。如果要提高可靠性，可以把副本放在不同的資料中心，再透過高速網路來連接各個不同的資料中心。

一致性

由於資料會被複製到多個節點，因此各個副本之間一定要保持同步。最低門檻共識（Quorum consensus）的做法，即可保證讀取與寫入操作的一致性。首先我們就來建立一些定義。

N = 副本的數量

W = 寫入的最低門檻 W。寫入操作必須至少有 W 個副本做出確認，這個寫入操作才會被視為成功。

R = 讀取的最低門檻 R。讀取操作必須等待至少 R 個副本的回應，這個讀取操作才會被視為成功。

請考慮下面圖 6-6 所示的範例，其中 $N = 3$。

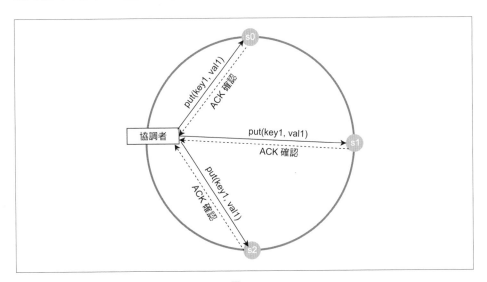

圖 6-6

$W = 1$ 並不表示資料只寫入一部伺服器中。舉例來說，以圖 6-6 為例，資料會被複製到 *s0*、*s1* 與 *s2*。$W = 1$ 代表的是，協調者（coordinator）至少必須收到一個 ACK 確認，才能把寫入操作視為成功。舉例來說，如果我們從 *s1* 收到了確認，就不需再等待 *s0* 與 *s2* 的確認了。協調者在這裡扮演的是客戶端與節點之間代理者（proxy）的角色。

設定 W、R 與 N 的值時，總必須在延遲與一致性之間進行一番取捨。如果 $W = 1$ 或 $R = 1$，操作回應的速度就很快，因為協調者只需要等待其中任何一個副本做出回應即可。如果 W 或 $R > 1$，系統就能提供更好的一致性，不過查詢會變慢，因為協調者必須等待最慢的那個副本做出回應。

如果 $W + R > N$，就可以確保具有很強的一致性，因為至少一定有一個讀寫都重疊到的節點，擁有最新資料可確保一致性。

究竟該如何設定 N、W、R 的值，以符合我們的使用狀況呢？以下就是一些可能的設定方式：

如果 $R = 1$ 且 $W = N$，就表示系統針對快速讀取進行了最佳化。

如果 $W = 1$ 且 $R = N$，就表示系統針對快速寫入進行了最佳化。

如果 $W + R > N$，就可以保證具有很強的一致性（例如 $N = 3$，$W = R = 2$）。

如果 $W + R <= N$，則不能保證具有很強的一致性。

我們可根據不同的要求來調整 W、R、N 的值，以調整出我們想要的一致性程度。

一致性模型

在設計鍵值儲存系統時，一致性模型確實是一個需要考慮的重要因素。一致性模型定義的是資料一致性的程度，而實際上確實存在各式各樣不同的一致性模型：

- **強一致性**：任何讀取操作所送回的值，都對應到最新寫入資料項的結果。客戶端絕不會看到過時的資料。

- **弱一致性**：後續的讀取操作有可能看到的並不是最新的值。

- **終究一致性（eventual consistency）**：這是弱一致性的其中一種特殊形式。只要給定足夠的時間，所有資料更新終究都會被傳遞，而且所有副本都會是一致的。

如果強制每個副本都要確認目前的寫入之後才接受新的讀／寫操作，這樣通常就可以達到強一致性的效果。對於高可用性的系統來說，這種做法並不理想，因為它有可能擋掉新的操作。Dynamo 與 Cassandra 採用的是終究一致性的做法，這也是我們針對鍵值儲存系統最推薦的一致性模型。在允許並行寫入的情況下，終究一致性模型可允許不一致的值進入系統，而當客戶端讀取到不一致的值時，再強制進行協調（reconcile）。下一節就會說明如何運用版本控制重新進行協調的做法。

不一致問題的解決方式：版本控制

複製的做法可提供高可用性，但同時也會導致副本之間不一致的問題。版本控制（Versioning）與向量時鐘（vector clocks）可用來解決不一致的問題。版本控制的做法就是把每次的資料修改，全都視為資料的一個全新不可變版本。在討論版本控制的做法之前，我們先用一個範例來解釋不一致的情況：

如圖 6-7 所示，兩個副本節點 *n1* 與 *n2* 具有相同的值。我們就把這個值稱為原始值。伺服器 *#1* 與伺服器 *#2* 的 *get("name")* 操作可取得相同的值。

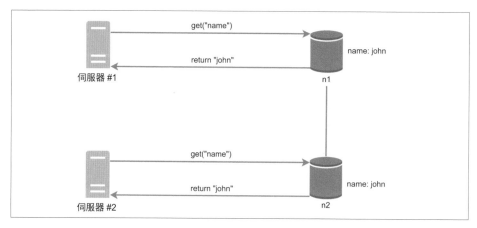

圖 6-7

接著伺服器 *#1* 把 name 改為 "johnSanFrancisco"，伺服器 *#2* 則把 name
改為 "johnNewYork"，如圖 6-8 所示。這兩個修改是同時執行的。現在我
們有了兩個衝突的值，分別稱為版本 *v1* 與 *v2*。

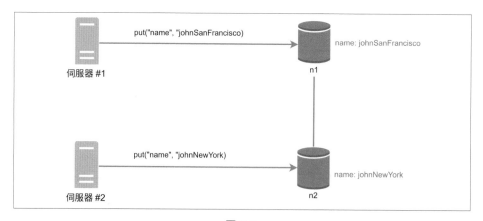

圖 6-8

在這個範例中可忽略原始值，因為兩個修改都是針對原始值進行修改的。
不過，這裡並沒有明確的方法可解決最後這兩個版本的衝突。如果要解決
這個問題，我們就需要一個能夠偵測衝突與協調衝突的版本控制系統。向
量時鐘是一種解決此問題的常用技術。我們就來研究一下向量時鐘的工作
原理吧。

向量時鐘是與資料相關聯的一對 [伺服器 , 版本] 資料。它可用來檢查某個版本是否為最新版本、是否為成功的版本,或是否與其他版本衝突。

假設向量時鐘是用 $D([S1, v1], [S2, v2], ..., [Sn, vn])$ 來表示,其中 D 是資料項,$v1$ 是版本計數器,$S1$ 是伺服器編號。如果把資料項 D 寫入伺服器 Si,系統就必須執行以下其中一個任務。

- 如果 $[Si, vi]$ 存在,vi 就加 1。

- 否則的話,就建立一個新的項目 $[Si, 1]$。

上面的抽象邏輯,可透過一個具體的範例來進行說明,如圖 6-9 所示。

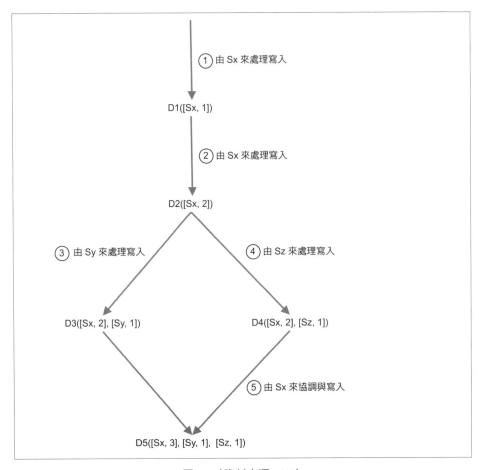

圖 6-9 (資料來源:[4])

107

1. 客戶端把資料項 *D1* 寫入系統，而且這個寫入是由伺服器 *Sx* 來處理的，因此就有了向量時鐘 *D1 [(Sx, 1)]*。

2. 另一個客戶端讀取了最新的 *D1*，並把它改為 *D2*，然後把資料寫回伺服器。*D2* 是從 *D1* 往下走，因此覆寫了原本的 *D1*。假設這個寫入是由同一部伺服器 Sx 進行處理，所以現在就有了向量時鐘 *D2 ([Sx, 2])*。

3. 另一個客戶端讀取了最新的 *D2*，把它改為 *D3*，然後再把它寫回伺服器。假設這個寫入的動作是由伺服器 *Sy* 來處理，因此就有了向量時鐘 *D3([Sx, 2], [Sy, 1])*。

4. 另一個客戶端也讀取了最新的 *D2*，並把它改為 *D4*，然後再把它寫回伺服器。假設這個寫入是由伺服器 *Sz* 來處理，因此就有了向量時鐘 *D4 ([Sx, 2], [Sz, 1])*。

5. 當另一個客戶端讀取到 *D3* 與 *D4* 時，它就會發現有衝突，因為 *Sy* 與 Sz 都修改了資料項 *D2*。這個客戶端會解決這個衝突，然後把修改過的資料發送到伺服器。假設這個寫入操作是由 Sx 來處理，所以就有了向量時鐘 *D5 ([Sx, 3], [Sy, 1], [Sz, 1])*。至於如何偵測出衝突，我們很快就會進行說明。

使用向量時鐘時，如果 *Y* 版本向量時鐘裡每個參與者的版本計數值，全都大於或等於 *X* 版本裡相應的值，這樣很容易就可以判斷 *X* 版本一定是 *Y* 版本的祖先（即無衝突）。舉例來說，向量時鐘 *D ([s0, 1], [s1, 1])* 一定是 *D ([s0, 1], [s1, 2])* 的祖先。在這樣的情況下，並沒有記錄到任何衝突的情況。

但如果 *Y* 版本向量時鐘裡有些計數值比 X 版本小，有些計數值又比 *X* 版本大，就表示 *X* 版本與 *Y* 版本屬於同級（即存在衝突）。舉例來說，以下兩個向量時鐘就存在衝突的情況：*D ([s0, 1], [s1, 2])* 與 *D ([s0, 2], [s1, 1])*。

雖然向量時鐘可解決衝突的情況，但還是有兩個明顯的缺點。第一，向量時鐘會增加客戶端的複雜度，因為它必須實作出衝突解決的邏輯。

第二，向量時鐘裡 *[server: version]* 這樣的成對資料，其數量有可能會快速成長。為了解決這個問題，我們針對其長度設定了一個門檻值，如果超過這個限制，就會刪除掉其中最舊的成對資料。如此一來由於無法準確判斷前後代的關係，因此就有可能導致重新協調的效果不佳。不過，根據 Dynamo 的論文 [4]，Amazon 在正式上線的系統中還沒遇到過此問題。因此對於大多數公司來說，這很有可能是一個可接受的解決方案。

故障的處理方式

與任何大型系統一樣，故障不但無可避免，而且還很常見。故障的處理方式非常重要。本節會先介紹一些偵測故障的技術。然後再討論一些常見的故障解決策略。

故障偵測

在分散式系統中，如果有某個伺服器說另一個伺服器已故障，實際上這樣並不足以認為該伺服器確實已故障。通常至少需要有兩個獨立來源提供相同的資訊，我們才能把該伺服器標記為故障。

如圖 6-10 所示，每個節點都與其他所有節點相連，這種所謂的 all-to-all 多播（multicasting）做法可說是非常簡單明瞭的一種解決方案。但如果系統裡有許多伺服器，這種做法其實效率很差。

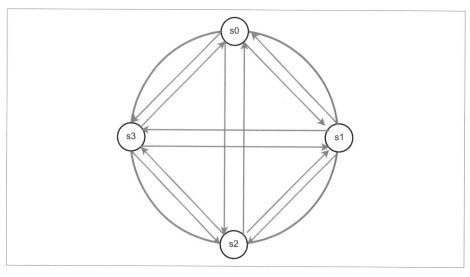

圖 6-10

另一種比較好的解決方案，就是採用去中心化的故障偵測方法，例如
gossip 協定 [1]。gossip 協定的運作方式如下：

- 每個節點都維護著一個節點成員列表，其中包含成員 ID 與心跳
  （heartbeat）計數值。

- 每個節點都會定期增加其心跳計數值。

- 每個節點定期把心跳計數值隨機發送給一組節點，這些隨機的節點
  又會把資訊傳播給另一組節點。

- 節點收到心跳計數值之後，其成員列表就會更新為最新的資訊。

- 如果超過某個預定義的時間，某個成員的心跳值都沒有增加，該成
  員就會被視為離線（offline）。

1　gossip 就是閒話、八卦、流言蜚語的意思。

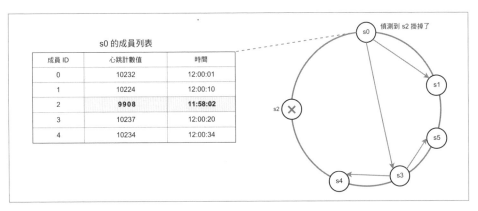

圖 6-11

如圖 6-11 所示：

- 節點 *s0* 維護著左側所顯示的節點成員列表。

- 節點 *s0* 注意到節點 *s2*（成員 *ID = 2*）的心跳計數值，經過一段長時間都沒有增加。

- 節點 *s0* 把心跳計數值（包含 *s2*）隨機發送給一組節點。一旦其他節點也確認 *s2* 的心跳計數值已經過了很長一段時間未更新，就把節點 *s2* 標記為離線，並把此資訊傳播到其他節點。

處理臨時性故障

gossip 協定偵測到故障之後，系統必須有某些機制才能確保系統的可用性。比較嚴格的最低門檻做法，可能會阻止相應的讀寫操作，如之前所提到的「最低門檻共識」所述。

另外還有一種稱為「草率仲裁」（sloppy quorum）的技術 [4]，也可用來提高可用性。在這種做法中，系統並不會強制執行最低門檻的要求，而是在雜湊環上選擇前 W 個運行狀況良好的伺服器進行寫入，並選擇前 R 個運行狀況良好的伺服器進行讀取。離線的伺服器則會直接被忽略。

如果是因為網路或伺服器故障而導致伺服器不可用，另一部伺服器就可以用臨時性的方式接手處理請求。等到離線的伺服器恢復之後，再把相應的修改推送回去，以實現資料的一致性。這個程序就是所謂的「提示換手」（hinted handoff）。在圖 6-12 中由於 s2 不可用，因此讀寫操作就會暫時由 s3 來處理。等到 s2 重新恢復之後，s3 就會把資料交還給 s2。

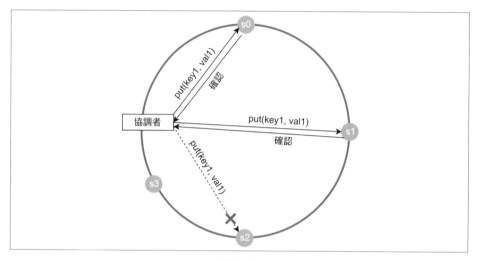

圖 6-12

處理永久性故障

提示換手的做法可用來處理臨時性的故障。但如果出現永久性的故障怎麼辦？為了處理這種情況，我們實作了一個反熵（anti-entropy）協定，讓副本可以保持同步。反熵的做法牽涉到副本每個資料片段的比較，而且還要把每個副本更新成最新的版本。Merkle 樹（Merkle tree）可用來偵測出資料不一致的情況，並最小化資料的傳輸量。

以下內容引自維基百科 [7]：「雜湊樹（hash tree）或 Merkle 樹（Merkle tree）是一種樹狀結構，其中的每一個非葉子節點，都會用其子節點的標籤或值（如果是葉子節點），取其雜湊值做為其標籤。雜湊樹可針對大型資料結構的內容，進行有效且安全的驗證」。

假設鍵的空間為 1 到 12，以下步驟顯示的就是如何構建 Merkle 樹的做法。其中特別強調顯示的方塊，就代表不一致的部分。

Step 1：把鍵的空間劃分成幾個桶子（在我們的範例中分成了 4 個），如圖 6-13 所示。每一個桶子都會被用來做為根等級節點，用來維護一個深度有限的樹狀結構。

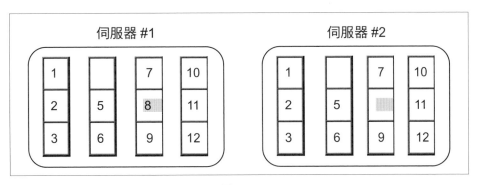

圖 6-13

Step 2：建立好桶子之後，就用一個統一的雜湊方法對桶子裡的每個鍵進行雜湊處理（圖 6-14）。

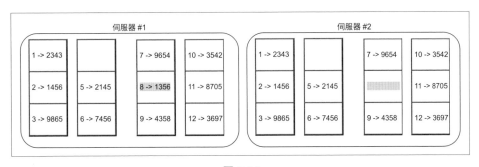

圖 6-14

Step 3：為每個桶子建立一個單一的雜湊節點（圖 6-15）。

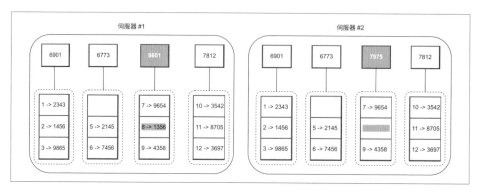

圖 6-15

Step 4：持續計算子節點的雜湊值，往上構建樹狀結構，直到根節點為止
（圖 6-16）。

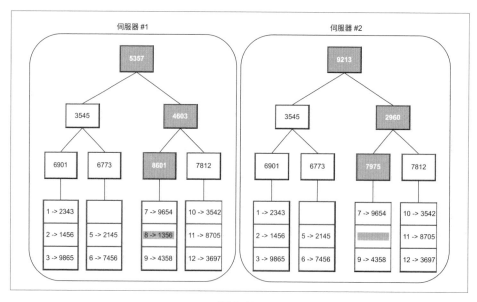

圖 6-16

如果要比較兩個 Merkle 樹，首先比較根節點的雜湊值。如果根節點的雜
湊值比對相符，就表示兩個伺服器擁有相同的資料。如果根節點的雜湊值

不一致，先比較左邊的子節點雜湊值，再比較右邊的子節點雜湊值。你可以遍歷整個樹狀結構，找出哪些桶子並未同步，進而只針對那些桶子進行同步操作。

只要使用 Merkle 樹的做法，需要同步的資料量就會與兩個副本之間的差異（而不是所包含資料量）成正比。在實際的系統中，桶子的尺寸有可能相當大。舉例來說，我們可能會設定每十億個鍵對應一百萬個桶子，如此一來，每個桶子就包含 1,000 個鍵。

處理資料中心服務中斷的問題

資料中心有可能會因為停電、網路斷線、自然災害等因素而導致中斷服務。為了構建出一個能夠因應資料中心服務中斷的系統，橫跨多個資料中心複製資料的做法非常重要。如此一來，就算有某個資料中心完全掛點，使用者還是可以透過其他資料中心存取資料。

系統架構圖

我們已針對鍵值儲存系統的設計，討論過許多不同的技術，現在我們總算可以把重點轉移到架構圖，如圖 6-17 所示。

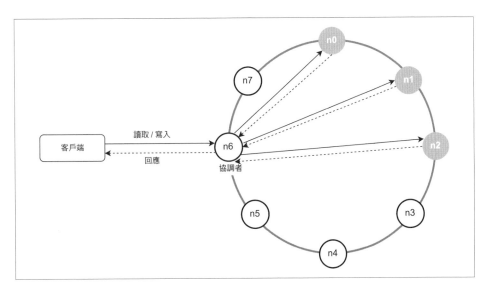

圖 6-17

這個架構的主要功能如下：

- 客戶端與鍵值儲存系統進行溝通時，可透過簡單的 API：*get(key)* 與 *put(key, value)*。

- 協調者（coordinator）是一個節點，它扮演的是客戶端與鍵值儲存系統之間的代理者（proxy）。

- 使用具有一致性的雜湊做法，把節點分散到雜湊環上。

- 這個系統完全去中心化，因此可以自動添加與移動節點。

- 資料會被複製到多個節點中。

- 由於每個節點都具有相同的一組職責，因此不會有單點故障的問題。

由於採用去中心化的設計，因此每個節點都可以執行許多任務，如圖 6-18 所示。

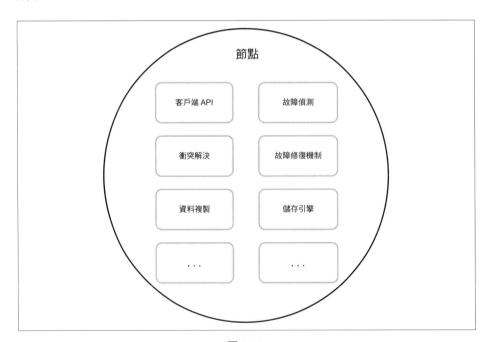

圖 6-18

寫入途徑

圖 6-19 說明的是，把寫入請求導向特定節點之後會發生什麼事。請注意，這裡針對寫入 / 讀取途徑所建議的設計，主要是基於 Cassandra [8] 的架構。

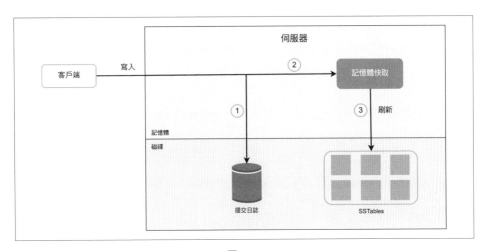

圖 6-19

1. 寫入請求會被保存在一個提交日誌檔案中。

2. 資料會被保存到記憶體快取中。

3. 當記憶體快取已滿或達到預定義的門檻值時，資料就會刷新到磁碟裡的 SSTable [9]。注意：已排序字串表（SSTable；sorted-string table）是一個已排序的成對資料列表。如果讀者有興趣瞭解更多關於 SSTable 的資訊，請參見參考資料 [9]。

讀取途徑

把讀取請求導向特定節點之後，會先檢查資料是否存在於記憶體快取中。如果是的話，資料就會直接送回給客戶端，如圖 6-20 所示。

117

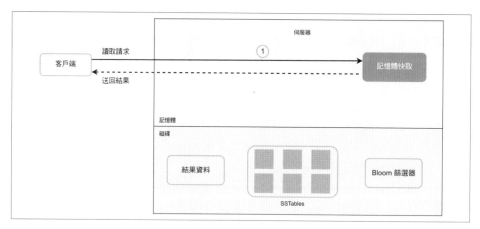

圖 6-20

如果資料不在記憶體內，則會改從磁碟取出資料。這裡需要一種有效的方法，來查出各個鍵究竟放在哪一個 SSTable 中。我們通常會用 Bloom 篩選器 [10] 來解決這個問題。

如果資料不在記憶體內，讀取途徑就會如圖 6-21 所示。

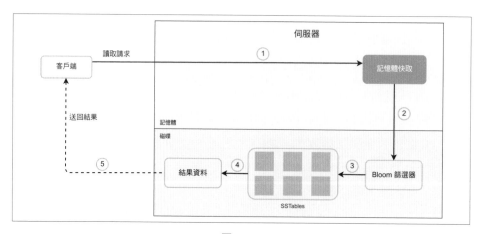

圖 6-21

1. 系統會先檢查資料是否存在於記憶體內。沒有的話，就執行第二步驟。

2. 如果資料不在記憶體內，系統就會檢查 Bloom 篩選器。

3. Bloom 篩選器可用來判斷該鍵放在哪一個 SSTables 之中。

4. SSTables 會送回一組資料結果。

5. 這組資料結果會被送回給客戶端。

概要總結

本章涵蓋了許多的概念與技術。為了讓你複習一下，下表總結了各種可用於分散式鍵值儲存系統的不同功能與相應的技術。

表 6-2

目標 / 問題	技術
保存大數據的能力	運用具有一致性的雜湊做法分散伺服器之間的負載
高可用性讀取	資料複製 多資料中心配置方式
高可用性寫入	用向量時鐘進行版本控制與衝突解決
資料集分區	具有一致性的雜湊做法
漸增的規模擴展能力	具有一致性的雜湊做法
不均勻性的因應	具有一致性的雜湊做法
可調整系統一致性的程度	最低門檻共識
處理臨時性故障	草率仲裁與提示換手
處理永久性故障	Merkel 樹
處理資料中心服務中斷	跨資料中心複製資料

參考資料

[1] Amazon DynamoDB（亞馬遜 DynamoDB）：https://aws.amazon.com/dynamodb/

[2] memcached: https://memcached.org/

[3] Redis: https://redis.io/

[4] Dynamo: Amazon's Highly Available Key-value Store（Dynamo：亞馬遜的高可用性鍵值儲存系統）：https://www.allthingsdistributed.com/files/amazon-dynamo-sosp2007.pdf

[5] Cassandra: https://cassandra.apache.org/

[6] Bigtable: A Distributed Storage System for Structured Data（Bigtable：結構化資料的分散式儲存系統）：
https://static.googleusercontent.com/media/research.google.com/en//archive/bigtable-osdi06.pdf

[7] Merkle tree（Merkle 樹）：https://en.wikipedia.org/wiki/Merkle_tree

[8] Cassandra architecture（Cassandra 架構）：
https://cassandra.apache.org/doc/latest/architecture/

[9] SSTable: https://www.igvita.com/2012/02/06/sstable-and-log-structured-storage-leveldb/

[10] Bloom filter（Bloom 篩選器）：https://en.wikipedia.org/wiki/Bloom_filter

設計可用於分散式系統的唯一 ID 生成器

本章要求你設計出一個可用於分散式系統的唯一 ID 生成器。你第一個想到的也許是傳統資料庫中具有 auto_increment 屬性的主鍵（primary key）。不過，auto_increment 在分散式環境中無法正常運作，因為單一資料庫伺服器不夠大，而在多個資料庫之間，要以最小延遲生成唯一的 ID，是一件極具挑戰性的任務。

以下就是唯一 ID 的一些範例：

```
+------------------------+
|  user_id               |
+------------------------+
|   1227238262110117894  |
+------------------------+
|   1241107244890099715  |
+------------------------+
|   1243643959492173824  |
+------------------------+
|   1247686501489692673  |
+------------------------+
|   1567981766075453440  |
+------------------------+
```

圖 7-1

第一步驟——瞭解問題並確立設計的範圍

為了釐清狀況而提出問題，是解決任何系統設計面試問題的第一步。這裡有一些應試者與面試官互動的例子：

應試者：唯一 ID 的特性是什麼？

面試官：ID 必須是唯一而不可重複，而且可進行排序。

應試者：針對每一個新記錄，ID 都要增加 1 嗎？

面試官：ID 要隨時間遞增，但不一定只遞增 1。晚上所建立的 ID，必須大於當天早上所建立的 ID。

應試者：ID 的值只能包含數值嗎？

面試官：是的，沒錯。

應試者：ID 的長度有什麼要求？

面試官：ID 應該為 64 位元。

應試者：系統的規模有多大？

面試官：系統應該要能夠每秒生成 10,000 個 ID。

以上就是一些你可以詢問面試官的問題範例。重要的是一定要瞭解要求，並釐清所有不清楚的部分。針對這個面試問題，相應的要求列表如下：

- ID 必須是唯一而不重複的。
- ID 的值只能是數值。
- ID 須為 64 位元。
- ID 須依循時間的順序。
- 每秒要能夠生成 10,000 個以上的唯一 ID。

第二步驟──提出高階設計並取得認可

在分散式系統中，有很多選項可用來生成唯一的 ID。我們考慮的選項有：

- 多 master 複製（Multi-master replication）
- UUID（通用唯一標識符號）
- 票證伺服器（ticket server）
- Twitter 雪片（snowflake）做法

我們就來看看每一種做法的運作原理，以及相應的優缺點。

多 master 複製

如圖 7-2 所示，第一種做法就是多 master 複製。

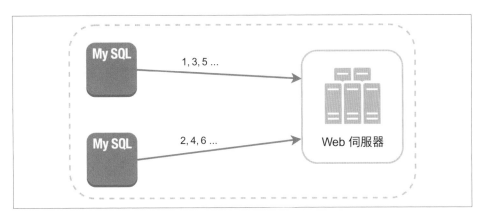

圖 7-2

這種做法會用到資料庫的 *auto_increment* 功能。不過我們並不是把下一個 ID 增加 1，而是增加 k，其中的 k 就是所使用資料庫伺服器的數量。如圖 7-2 所示，只要把同一個伺服器的前一個 ID 加上 2，就可以生成下一個 ID。這種做法解決了一些可擴展性的問題，因為 ID 可根據資料庫伺服器的數量進行擴展。不過，這個策略有一些主要的缺點：

- 如果是採用多個資料中心，這種做法就難以進行擴展
- 由多部伺服器分別得出的 ID，其值並不一定隨著時間而增加。
- 添加或移除伺服器時，擴展性並不好。

UUID

UUID 是取得唯一 ID 的另一種簡便方法。UUID 是一個 128 位元的數字，可用來標識電腦系統中的資訊。UUID 出現重複值的機率非常低。以下內容引自維基百科，「如果每秒產生 10 億個 UUID，大概需要經過 100 年之後，出現一次重複值的機率才會來到 50%」[1]。

這裡就有一個 UUID 的範例：*09c93e62-50b4-468d-bf8a-c07e1040bfb2*。
UUID 可獨立生成，而不需要在伺服器之間進行協調。圖 7-3 呈現的就是
UUID 的設計。

圖 7-3

在這樣的設計下，每個 Web 伺服器都有一個 ID 生成器，而且每個 Web
伺服器都可以各自獨立生成 ID。

優點：

- UUID 的生成很簡單。伺服器之間完全不需要進行協調，因此不會
  出現任何同步問題。

- 這個系統很容易進行擴展，因為每個 Web 伺服器都可以自行生成所
  要使用的 ID。ID 生成器可隨著 Web 伺服器輕鬆進行擴展。

缺點：

- ID 的長度為 128 位元，但我們的要求是 64 位元。

- ID 的值並不會隨著時間遞增。

- ID 有可能出現非數字的情況。

票證伺服器

票證伺服器（ticket server）是另一種生成唯一 ID 的有趣方式。票證伺服
器是由 Flicker 所開發，可用來生成分散式的主鍵（primary key）[2]。這個
系統的運作方式很值得特別瞭解一下。

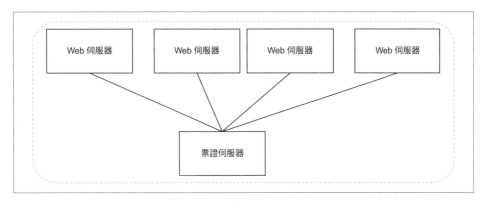

圖 7-4

其構想就是在單一資料庫伺服器（票證伺服器）中，使用中央管理式（centralized）的 *auto_increment* 功能。如果想要瞭解更多相關的訊息，請參考 flicker 的工程部落格文章 [2]。

優點：

- 數字 ID。

- 很容易進行實作，而且可適用於中小型應用。

缺點：

- 可能會有單點故障的問題。由於採用單一的票證伺服器，因此票證伺服器若出現故障，所有依賴它的系統全都會遇到問題。為了避免單點故障，我們可以設定多部票證伺服器。不過，這也會帶來新的挑戰，例如資料同步的問題。

Twitter 雪片做法

前面所提到的一些做法，分別針對不同的 ID 生成系統運作原理，提供了一些不同的構想。不過，這些做法全都不符合我們的特定要求，因此我們還需要另一種做法。Twitter 的唯一 ID 生成系統叫做「snowflake（雪片）」[3]，其構想相當具有啟發性，而且可以滿足我們的要求。

分而治之（divide and conquer）的分治做法，可說是我們的好朋友。我們會把 ID 分成不同的好幾段，而不是直接生成整個 ID。圖 7-5 顯示的就是 64 位元 ID 的佈局方式。

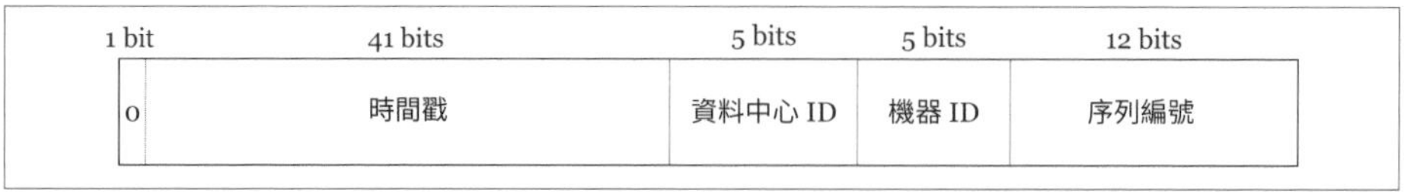

1 bit	41 bits	5 bits	5 bits	12 bits
0	時間戳	資料中心 ID	機器 ID	序列編號

圖 7-5

每一段的說明如下。

- **符號位元**：1 位元。永遠為 0。保留以供未來使用。它也許可用來區分有正負號與無正負號的數字。

- **時間戳**：41 位元。從某個時間點（可自定義）以來所經過的毫秒數。我們使用 Twitter 雪片的預設時間點 1288834974657，這個時間就相當於 UTC 2010 年 11 月 4 日 01：42：54。

- **資料中心 ID**：5 位元，這裡可以讓我們用來區分 $2 \wedge 5 = 32$ 個資料中心。

- **機器 ID**：5 位元，每個資料中心可以有 $2 \wedge 5 = 32$ 部機器。

- **序列編號**：12 位元。同一部機器 / process 行程所生成的每個 ID，其序列編號每次都會以加 1 的方式逐漸遞增。這個數字每毫秒都會重設為 0。

第三步驟——深入設計

在高階設計中，我們已針對分散式系統討論過一些可用來設計唯一 ID 生成器的各種選項。在這裡我們會選擇 Twitter 雪片 ID 生成器做為參考的做法。接著我們就來深入研究相應的設計。為了重新喚醒我們的記憶，下面重新列出相應的設計圖。

1 bit	41 bits	5 bits	5 bits	12 bits
0	時間戳	資料中心 ID	機器 ID	序列編號

圖 7-6

資料中心 ID 與機器 ID 在啟動時就已經選定，通常在系統啟動之後就固定不再改變了。資料中心 ID 與機器 ID 的任何修改，都需要進行仔細的檢查，因為如果意外修改了這些值，就有可能導致 ID 衝突的情況。ID 生成器在執行時，會生成相應的時間戳與序列編號。

時間戳

最重要的 41 位元，就是由時間戳所構成。時間戳會隨著時間而遞增，因此 ID 也會隨著時間而遞增。圖 7-7 顯示的就是如何把二進位表達方式轉換為 UTC 的範例。你也可以用類似的方法，把 UTC 轉換回二進位表達方式。

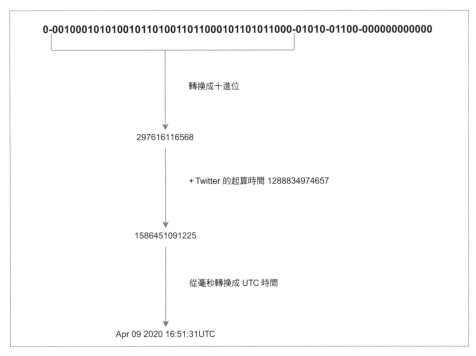

圖 7-7

41 位元可以表達的最大時間戳為 *2 ^ 41 − 1 = 2199023255551 毫秒*（ms），相當於：*〜 69 年 = 2199023255551 毫秒 / 1000 秒 / 365 天 / 24 小時 / 3600 秒*。這也就表示，這個 ID 生成器可正常運作 69 年，如果改用自定義的方式，把起算時間（epoch time）設定成更接近今天的日期，還可以進一步延後這個可正常運作的時間。69 年之後，我們就會需要另一個新的起算時間，或是改用其他技術來對這個 ID 進行遷移轉換。

序列編號

序列編號有 12 位元，這給了我們 2 ^ 12 = 4096 種組合。除非同一部伺服器在一毫秒之內生成了多個 ID，否則這個欄位的值就會是 0。理論上來說，同一部機器在每毫秒內最多可生成 4096 個新的 ID。

第四步驟──匯整總結

我們在本章討論了好幾種設計唯一 ID 生成器的不同做法：多 master 複製、UUID、票證伺服器，以及 Twitter 的雪片做法。我們最後選擇採用雪片的做法，因為它可支援我們所有的使用需求，而且可以在分散式環境下進行擴展。

如果在面試結束之前還有多餘的時間，這裡還有一些可以額外聊聊的想法：

- **時鐘同步**：在我們的設計中，我們假設每一部 ID 生成伺服器全都具有相同的時鐘。如果伺服器是在多個核心中執行，這個假設就有可能是不正確的。在使用多部機器的做法中，也存在相同的挑戰。時鐘同步解決方案並不在本書的討論範圍之內。不過，瞭解這個問題的存在是很重要的。採用網路時間協定（NTP；Network Time Protocol），就是解決此問題最受歡迎的一種做法。如果讀者對此感興趣，請參見參考資料 [4]。

- **各段長度的調整**：舉例來說，改用比較短的序列編號、但採用比較多的時間戳位元，對於低並行性、跨越時間更長的應用而言，是一種有效而可行的做法。

- **高可用性**：對於其他任務來說，ID 生成器是非常重要的系統，因此它必須具有很高的可用性。

恭喜你跟我們走到了這裡！現在你可以拍拍自己的肩膀。你真是太棒了！

參考資料

[1] Universally unique identifier（通用唯一標識符號）：
https://en.wikipedia.org/wiki/Universally_unique_identifier

[2] Ticket Servers: Distributed Unique Primary Keys on the Cheap（票證伺服器：分散式唯一主鍵的廉價做法）：
https://code.flickr.net/2010/02/08/ticket-servers-distributed-unique-primary-keys-on-the-cheap/

[3] Announcing Snowflake（發表雪片做法）：
https://blog.twitter.com/engineering/en_us/a/2010/announcing-snowflake.html

[4] Network time protocol（NTP 網路時間協定）：
https://en.wikipedia.org/wiki/Network_Time_Protocol

設計短網址生成器

我們打算在本章解決一個有趣而且很經典的系統設計面試問題：設計出一個像 tinyurl 這類的短網址服務。

第一步驟──瞭解問題並確立設計的範圍

系統設計面試問題通常會刻意保持開放，不把細節說清楚。如果想做出一個精心設計的系統，詢問並釐清問題的過程至關重要。

應試者：關於短網址生成器的運作方式，你能舉個例子嗎？

面試官：假設原始的網址為 https://www.systeminterview.com/q=chatsystem&c=loggedin&v=v3&l=long。你的服務就是要創建出一個長度比較短的等效網址，例如：https://tinyurl.com/y7keocwj。只要點擊這個短網址，就會把你重定向到原始的網址。

應試者：使用的流量會有多少呢？

面試官：每天要生成 1 億個網址。

應試者：短網址的長度能有多長？

面試官：越短越好。

應試者：短網址內可使用哪些字元？

面試官：短網址可以是數字（0-9）與大小寫字母（a-z、A-Z）的組合。

應試者：可以刪除或更新短網址嗎？

面試官：為了簡單起見，我們姑且假設不能刪除或更新短網址。

以下就是基本的使用需求：

1. 縮短網址：給定一個比較長的網址→送回一個短很多的網址

2. 網址重定向：給定一個短網址→重定向到原始網址

3. 高可用性、可擴展性與容錯性考量

粗略的估算

- 寫入操作：每天生成 1 億個網址。

- 每秒寫入操作的數量：1 億 / 24 / 3,600 = 1,160

- 讀取操作：假設讀取操作與寫入操作的比率為 10：1，則每秒的讀取操作數量為：1,160 * 10 = 11,600

- 假設短網址服務打算運行 10 年，這也就表示我們必須有能力支援 1 億 * 365 * 10 年 = 3,650 億筆記錄。

- 假設網址的平均長度為 100 個字元。

- 10 年以上的儲存空間需求：3,650 億 * 100 Byte = 36.5 TB

與面試官一起仔細進行假設與計算，對你而言是很重要的一件事，因為這樣你們雙方才能站在同一個基準上。

第二步驟——提出高階設計並取得認可

我們會在本節討論 API 端點、網址重定向與網址縮短流程。

API 端點

API 端點可促進客戶端與伺服器之間的溝通。我們會採用 REST 風格來設計 API。如果你並不熟悉 Restful API，可查閱一些外部資料（例如參考資料 [1] 裡的內容）。短網址生成器主要會用到兩個 API 端點。

1. 縮短網址。為了創建出一個新的短網址，客戶端會發送一個 POST 請求，其中包含一個參數：原始的長網址。這個 API 看起來應該就像下面這樣：

   POST api/v1/data/shorten

   - 請求參數：{longUrl: longURLString}
   - 送回短網址：shortURL

2. 網址重定向。客戶端會向短網址發送出一個 GET 請求，以便重定向到相應的長網址。這個 API 看起來應該就像下面這樣：

   GET api/v1/shortUrl

   - 送回 longURL 以進行 HTTP 重定向

網址重定向

圖 8-1 顯示的就是在瀏覽器中輸入 tinyurl 短網址時所發生的情況。一旦伺服器收到 tinyurl 請求，它就會透過 301 重定向的方式，把短網址改為原始的長網址。

```
Request URL: https://tinyurl.com/qtj5opu
Request Method: GET
Status Code: ● 301
Remote Address: [2606:4700:10::6814:391e]:443
Referrer Policy: no-referrer-when-downgrade

▼ Response Headers
alt-svc: h3-27=":443"; ma=86400, h3-25=":443"; ma=86400, h3-24=":443"; ma=86400, h3-23=":443"; ma=86400
cache-control: max-age=0, no-cache, private
cf-cache-status: DYNAMIC
cf-ray: 581fbd8ac986ed33-SJC
content-type: text/html; charset=UTF-8
date: Fri, 10 Apr 2020 22:00:23 GMT
expect-ct: max-age=604800, report-uri="https://report-uri.cloudflare.com/cdn-cgi/beacon/expect-ct"
location: https://www.amazon.com/dp/B017V4NTFA?pLink=63eaef76-979c-4d&ref=adblp13nvvxx_0_2_im
```

圖 8-1

客戶端與伺服器之間的通訊細節，如圖 8-2 所示。

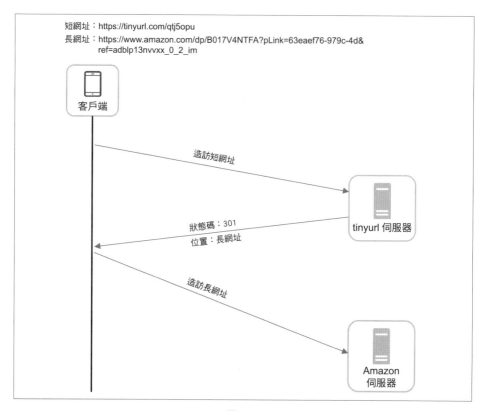

短網址：https://tinyurl.com/qtj5opu
長網址：https://www.amazon.com/dp/B017V4NTFA?pLink=63eaef76-979c-4d&
　　　　ref=adblp13nvvxx_0_2_im

客戶端

造訪短網址

tinyurl 伺服器

狀態碼：301
位置：長網址

造訪長網址

Amazon
伺服器

圖 8-2

這裡特別值得討論的就是 301 重定向與 302 重定向。

301 重定向。301 重定向代表的是，所請求的網址已被「永久」移動到長
網址。由於它代表的是永久重定向，因此瀏覽器會針對回應進行快取，而
且隨後針對同一網址的請求，就不會再發送到短網址服務了。取而代之的
是，它會把請求直接重定向到長網址的伺服器。

302 重定向。302 重定向代表的是，網址只是被「臨時」移動到長網址，
這也就表示後續針對同一網址的請求，還是會先被發送到短網址服務。接
下來還是會以重定向的方式，再次轉往長網址的伺服器。

每一種重定向方法都有其優缺點。如果降低伺服器的負載比較重要，使用 301 重定向就是比較有意義的做法，因為它在面對相同網址時，只有第一次請求會被發送到短網址伺服器。但如果希望能進行網站分析，302 重定向就是一個更好的選擇，因為這樣才能更輕鬆追蹤點擊率與點擊來源。

實作網址重定向最直觀的做法就是使用雜湊表。假設雜湊表裡儲存了 (shorturl, longurl) 這樣的成對資料，網址重定向就可以透過以下方式來進行實作：

- 取得長網址：longURL = hashTable.get(shortURL)
- 一旦取得長網址，就執行網址重定向。

網址縮短流程

我們姑且假設短網址的外觀如下：www.tinyurl.com/{hashValue}。**為了達到縮短網址的目的，我們必須找出一個能把長網址轉換成** $hashValue$ **的雜湊函式** fx，如圖 8-3 所示。

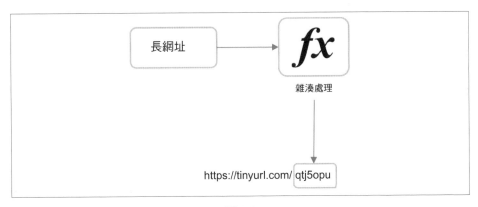

圖 8-3

這個雜湊函式必須滿足以下要求：

- 每個長網址 longURL 都必須進行雜湊計算，轉換成一個雜湊值 hashValue。
- 每個雜湊值 hashValue 都可以對應取回原本的長網址 longURL。

135

在隨後的深入設計中，我們會討論一下雜湊函式的詳細設計。

第三步驟──深入設計

到目前為止，我們已經討論過短網址與網址重定向的高階設計概念。本節打算繼續深入研究以下的內容：資料模型、雜湊函式、短網址與網址重定向。

資料模型

在我們的高階設計中，所有資料全都保存在記憶體裡的雜湊表。這是一個很好的起始做法，但由於記憶體資源有限且昂貴，這種做法在現實世界的系統中並不可行。更好的選擇就是把 *<shortURL, longURL>* 這樣的對應關係保存在關聯式資料庫中。圖 8-4 顯示的就是一個簡單的資料表設計。這個簡化版本的資料表有 3 個欄位：*id*、*shortURL* 和 *longURL*。

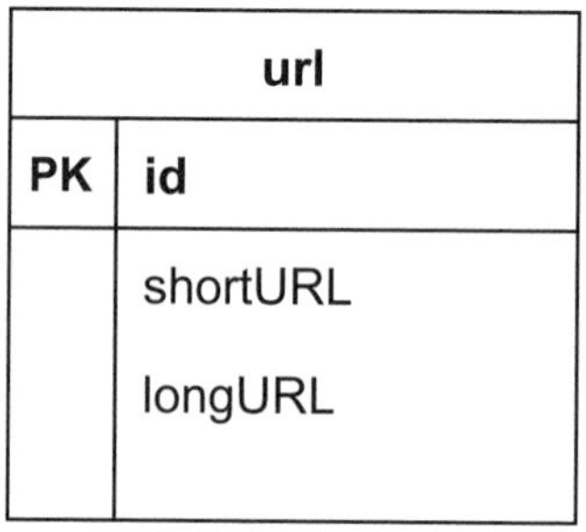

url	
PK	**id**
	shortURL
	longURL

圖 8-4

雜湊函式

雜湊函式可以進行雜湊處理，把長網址轉換成短網址，也就是得出所謂的雜湊值 *hashValue*。

雜湊值長度

雜湊值 *hashVlaue* 是由 [0-9, a-z, A-Z] 這些字元所構成，總共有 10 + 26 + 26 = 62 種可能的字元。為了計算出所需的 *hashValue* 長度，我們必須找到最小的 *n* 值，讓 *62^n ≥ 3650 億*。這是因為根據之前粗略估算的結果，系統必須能夠支援多達 3650 億個網址。表 8-1 顯示的就是 *hashValue* 不同的長度、所支援的網址相應最大數量。

表 8-1

n	網址的最大數量
1	62^1 = 62
2	62^2 = 3,844
3	62^3 = 238,328
4	62^4 = 14,776,336
5	62^5 = 916,132,832
6	62^6 = 56,800,235,584
7	62^7 = 3,521,614,606,208 = ~3.5 兆 (trillion)
8	62^8 = 218,340,105,584,896

當 *n = 7* 時，*62 ^ n = ~ 3 兆 5000 億*，這個數字就足以容納 3650 億個網址了，所以 *hashValue* 的長度可設為 7。

我們會探討短網址生成器可採用的其中兩種雜湊函式。第一種是「雜湊 + 衝突解決」的做法，第二種是「base 62 轉換」的做法。我們就來一一進行說明。

雜湊 + 衝突解決

為了縮短長網址，我們應該要實作出一個雜湊函式，把長網址雜湊成 7 個字元所組成的字串。其中一種簡單的解決方案，就是使用一些眾所周知的雜湊函式（例如 CRC32、MD5 或 SHA-1）。下面的表格針對 https://en.wikipedia.org/wiki/Systems_design 這個網址，比較了不同雜湊函式的雜湊結果。

表 8-2

雜湊函式	雜湊值（十六進位）
CRC32	5cb54054
MD5	5a62509a84df9ee03fe1230b9df8b84e
SHA-1	0eeae7916c06853901d9ccbefbfcaf4de57ed85b

如表 8-2 所示，即使是其中最短的雜湊結果（來自 CRC32），長度還是太長了（超過 7 個字元）。該如何讓它變得更短呢？

第一種做法就是只取雜湊值的前 7 個字元。不過，這樣的做法有可能導致雜湊值衝突的問題。為了解決雜湊值衝突的問題，我們可以用遞迴的方式，在長網址後面附加一段預先定義好的新字串，直到不再出現任何衝突問題為止。整個程序的說明可參見圖 8-5。

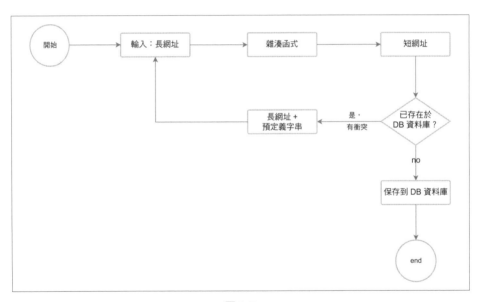

圖 8-5

這種做法可消除衝突的問題；但在查詢資料庫時，為了檢查每個請求是否存在相應的短網址，所需付出的代價就會昂貴許多。有一種稱為 Bloom 篩選器 [2] 的技術，可用來提高效能表現。Bloom 篩選器是一種可節省空間

的機率技術，一般可用來測試某個元素是否為某個集合的成員。更多相關
的詳細訊息，請參見參考資料 [2]。

Base 62 轉換

Base 轉換是網址縮短器常用的另一種做法。我們如果需要針對相同的數
字，在不同的數字進位系統之間進行轉換，Base 轉換就特別好用。這裡之
所以採用 base 62 轉換，是因為這裡的雜湊值 *hashValue* 共有 62 種可採用
的字元。我們就用一個範例來說明一下轉換的工作原理：把 11157_{10} 轉換
成 Base 62 的表達方式（11157_{10} 就表示採用以 10 為底的十進位系統來表
達 11157 這個數字）。

- 從名稱就可以看得出來，base 62 就是用 62 個字元來進行編碼的
  一種方式。對應關係如下：*0->0、...、9->9、10->a、11->b、...、
  35->z、36->A、...、61->Z*，意思就是用 a 來代表 10，用 Z 來代表
  61，其餘依此類推。

- $11157_{10} = 2 \times 62^2 + 55 \times 62^1 + 59 \times 62^0 = [2, 55, 59]$ -> 以 base 62 來表
  示的話，就是 [2, T, X]。轉換過程如圖 8-6 所示。

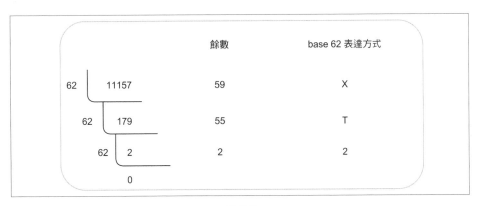

圖 8-6

- 因此，相應的短網址就是 https://tinyurl.com/**2TX**

兩種做法的比較

表 8-3 顯示了兩種做法的區別。

表 8-3

雜湊 + 衝突解決	Base 62 轉換
短網址長度固定	短網址長度不固定，長度會隨 ID 值遞增
不需要唯一 ID 生成器	這個選項需要一個唯一 ID 生成器
有可能出現衝突，需予以解決	不可能出現衝突， 因為 ID 是唯一而不重複的
不可能預知下一個短網址， 因為與 ID 無關	若 ID 每次都加一， 即可輕易預知下一個短網址， 這樣可能會有安全性的疑慮

深入研究短網址

網址縮短流程可說是整個系統的核心，因此我們希望其邏輯既簡單又實用。在我們的設計中，採用了 Base 62 轉換的做法。我們所構建的圖 8-7 說明了整個流程。

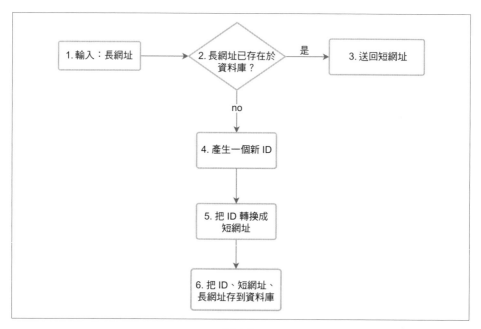

圖 8-7

1. 輸入長網址 longURL。

2. 系統先檢查 longURL 是否已存在於資料庫？

3. 如果存在，就表示 longURL 之前已轉換成 shortURL。在這樣的情況下，就直接從資料庫取出短網址 shortURL 並把它送回給客戶端。

4. 如果不存在，這個 longURL 就是新的。唯一 ID 生成器會生成一個新的唯一 ID（主鍵）。

5. 用 base 62 轉換做法把 ID 轉換成 shortURL。

6. 把 ID、shortURL 與 longURL 保存到資料庫，建立一行新資料。

為了讓整個流程更容易理解，我們就來看一個具體的實例。

- 假設輸入的 longURL 為：https://en.wikipedia.org/wiki/Systems_design

- 唯一 ID 生成器送回來的 ID 為：2009215674938。

- 用 base 62 轉換方式把 ID 轉換為 shortURL。ID（2009215674938）會被轉換成「zn9edcu」。

- 把 ID、shortURL 與 longURL 保存到資料庫，如表 8-4 所示。

表 8-4

id	shortURL	longURL
2009215674938	zn9edcu	https://en.wikipedia.org/wiki/Systems_design

這裡再特別提一下分散式的唯一 ID 生成器。其主要功能就是生成全局唯一的 ID，以便用來建立短網址 shortURL。實際上要在高度分散式的環境下，實作出一個唯一 ID 生成器，是一件蠻具有挑戰性的任務。幸運的是，我們已經在「第 7 章：設計可用於分散式系統的唯一 ID 生成器」討論過一些解決方案。你可以回頭參考一下其中的內容，重新喚醒你的記憶。

深入探討網址重定向

圖 8-8 顯示的是網址重定向的詳細設計。由於讀取次數通常多於寫入次數，因此 *<shortURL, longURL>* 對應關係會被保存在快取中，以提高效能上的表現。

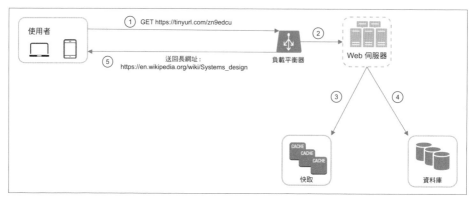

圖 8-8

網址重定向流程總結如下：

1. 使用者點擊某個短網址鏈結：https://tinyurl.com/zn9edcu。

2. 負載平衡器把請求轉發到 Web 伺服器。

3. 如果 shortURL 已存在於快取中，就直接送回相應的 longURL。

4. 如果 shortURL 並不在快取中，就從資料庫取出相應的 longURL。如果也不在資料庫中，可能就是使用者輸入了無效的 shortURL。

5. 把 longURL 送回給使用者。

第四步驟──匯整總結

我們在本章討論了 API 設計、資料模型、雜湊函式、短網址與網址重定向。

如果面試結束前還有多餘的時間,這裡還有一些可額外進行討論的要點。

- **網路限速器**:我們可能會遇到潛在的安全性問題;有一些惡意使用者,可能會發送大量的短網址請求。網路限速器在這裡或許有點用處,我們可根據 IP 位址或其他篩選規則,篩選掉某些特定的請求。如果你想複習一下網路限速的相關內容,請參閱「第 4 章:設計網路限速器」。

- **Web 伺服器擴展**:由於 Web 層是無狀態的,因此用添加或移除 Web 伺服器的方式來擴展 Web 層,其實還蠻容易的。

- **資料庫擴展**:資料庫複寫機制與分片的做法,都是常用的技術。

- **分析**:對於成功的企業來說,資料的角色越來越重要。只要把一些分析方法整合到短網址生成器,就可以有助於回答幾個很重要的問題,例如有多少人點擊了鏈結?使用者都是在何時點擊這些鏈結?

- **可用性、一致性與可靠性**:這些概念全都是任何大型系統成功的核心。我們曾在第 1 章詳細討論過這些概念,請複習一下相關的主題,喚醒你的記憶。

恭喜你跟我們走到了這裡!現在你可以拍拍自己的肩膀。你真是太棒了!

參考資料

[1]　A RESTful Tutorial（RESTful 教程）：https://www.restapitutorial.com/index.html

[2]　Bloom filter（Bloom 篩選器）：https://en.wikipedia.org/wiki/Bloom_filter

9

設計網路爬蟲

本章的焦點就是網路爬蟲設計：這是一個既有趣又經典的系統設計面試問題。

網路爬蟲（web crawler）也叫做網路機器人（robot）或網路蜘蛛（spider）。搜尋引擎廣泛使用它來探索網路中的最新內容。這些內容有可能是網頁、圖片、影片、PDF 檔案等等。網路爬蟲會先收集一些網頁，然後再循著這些頁面裡的鏈結，進一步收集更多新的內容。圖 9-1 顯示的就是爬網程序的直觀範例。

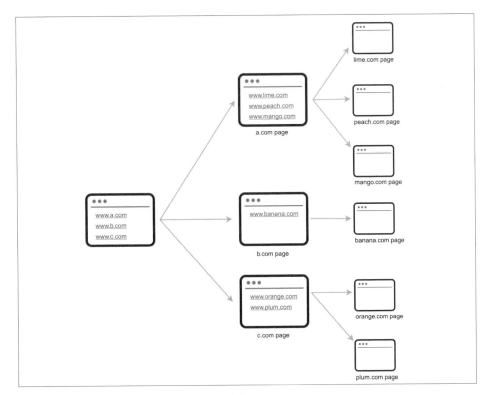

圖 9-1

網路爬蟲有許多用途：

- **搜尋引擎索引編製**：這是最常見的應用實例。網路爬蟲可收集許多網頁，以建立搜尋引擎的本地索引。舉例來說，Googlebot 就是 Google 搜尋引擎背後所使用的網路爬蟲。

- **網路內容歸檔**：這個程序可以從網路收集各種資訊，並保存起來以備將來之用。舉例來說，許多國家圖書館都會執行網路爬蟲，對一些網站進行封存的動作。比較著名的範例就是美國國會圖書館 [1] 與歐盟網路封存服務（EU web archive）[2]。

- **網路探勘**：Web 網路的爆炸性成長，為資料探勘提供了前所未有的機會。網路探勘（web mining）非常有助於從網際網路中找出有用的知識。舉例來說，有一些頂級的金融投資公司會使用網路爬蟲，下載各公司的股東會議與年度報告，以了解重要的公司概況。

- **網路監控**：網路爬蟲有助於在網際網路中監視版權與商標侵權的情況。舉例來說，Digimarc [3] 就利用網路爬蟲來找出盜版的作品與報告。

開發網路爬蟲的複雜度，取決於我們打算支援的規模。這類任務有可能是只需幾小時即可完成的小型學校計劃，也可以是需要專業工程團隊不斷改進的龐大專案。因此，我們會在隨後探討一下這裡所要支援的規模與功能。

第一步驟——瞭解問題並確立設計的範圍

網路爬蟲基本的演算法其實很簡單：

1. 給定一組網址，然後把網址所對應的網頁全部下載下來。

2. 從這些網頁提取出其中所有的網址鏈結

3. 把新的網址添加到所要下載的網址列表中。重複執行以上這 3 個步驟。

網路爬蟲的工作原理真的就只有這麼簡單嗎？這倒也不盡然。如果想設計出一個可以大規模進行擴展的網路爬蟲，那就是一項極其複雜的任務。一般人不大可能在面試期間設計出那種大型的網路爬蟲。在進入設計之前，我們必須先提出一些問題，才能瞭解真正的要求，並確定設計的範圍：

> **應試者**：這個網路爬蟲的主要目的是什麼？是不是打算用它來為搜尋引擎編製索引、還是要進行資料探勘，或是有其他的目的？
>
> **面試官**：用它來為搜尋引擎編製索引。

> **應試者**：這個網路爬蟲每個月需要收集多少網頁？
>
> **面試官**：10 億個網頁。

> **應試者**：包括哪些類型的內容？只有 HTML，還是有一些像是 PDF、圖片之類的其他內容？
>
> **面試官**：只有 HTML。

> **應試者**：我們是否應該把一些新添加或編輯過的網頁列入考慮？
>
> **面試官**：是的，新添加或編輯過的網頁都應該列入考慮。

> **應試者**：我們是否需要把網路中擷取到的 HTML 頁面保存起來？
>
> **面試官**：是的，最多保存 5 年。

> **應試者**：我們該如何處理內容重複的網頁？
>
> **面試官**：內容重複的頁面就應該予以忽略。

以上就是一些你可以詢問面試官的問題範例。重要的是一定要瞭解要求，並釐清所有不清楚的部分。就算只是要求你設計出一個簡單的網路爬蟲，你與你的面試官還是很有可能各有不同的假設。

除了要與面試官釐清各種功能要求之外，把網路爬蟲下面的這些特性先寫下來也很重要：

- **可擴展性（Scalability）**：網路是很龐大的。加起來恐怕有好幾十億的網頁。如果能採用平行化（parallelization）的做法，爬網的效率應該會高出很多。

- **穩健性（Robustness）**：網路上可說是到處充滿了陷阱。寫的很糟的 HTML、無回應的伺服器、引發崩潰、懷有惡意的鏈結到處都很常見。網路爬蟲一定要有能力處理這些極端的情況。

- **禮貌性（Politeness）**：網路爬蟲不應該在短時間內對網站提出過多的請求。

- **可延伸性（Extensibility）**：系統要保持靈活的彈性，只需要最少的更改，就可以支援新的內容類型。舉例來說，如果我們未來還想要擷取圖片檔案，應該不需要重新設計整個系統。

粗略的估算

以下的估算是以很多的假設為基礎，因此先與面試官做好確認與溝通非常重要。

- 假設每個月下載 10 億個網頁。

- QPS（每秒請求數量）：1,000,000,000 / 30 天 / 24 小時 / 3,600 秒 = 每秒約 400 個頁面。

- 峰值 QPS = 2 * QPS = 800

- 假設網頁平均大小為 500k。

- 10 億個頁面 x 500k = 每個月 500 TB 儲存空間。如果你對儲存空間的數字單位並不是很清楚，請重新閱讀第 2 章「二的次方數字」一節的內容。

- 假設資料要保留五年的時間，500 TB * 12 個月 * 5 年 = 30 PB。因此需要 30 PB 的儲存空間，才足夠儲存五年的內容。

第二步驟──提出高階設計並取得認可

清楚確認所有的要求之後，我們接著就來進行高階的設計。由於受到網路爬蟲之前一些相關研究的啟發 [4] [5]，我們提出了圖 9-2 所示的高階設計。

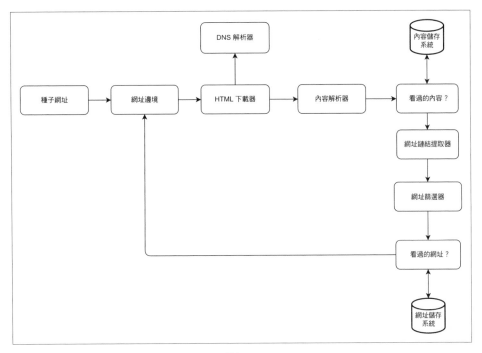

圖 9-2

我們先探索其中每一個設計元素，瞭解一下相應的功能，然後再逐步檢視網路爬蟲的工作流程。

種子網址（Seed URL）

網路爬蟲是用種子網址做為搜尋程序的起點。舉例來說，如果要檢索大學網站裡的所有網頁，使用大學的網域名稱做為種子網址就是一種很直觀的做法。

如果要擷取整個網路，我們在選取種子網址方面就必須更有創意一點。謹慎選擇種子網址做為良好的起點，就可以讓網路爬蟲盡可能遍歷更多的鏈結。一般的策略就是把整個網址空間劃分成幾個比較小的空間。這裡所提出的第一種做法，就是以地區作為劃分的基礎，因為不同國家很可能各有不同的熱門網站。另一種做法則是根據主題來選擇種子網址。例如我們可以把網址空間劃分為購物、運動、醫療保健等幾個不同的主題。種子網址

的選擇，是一個沒有標準答案的問題。沒有人期望你給出完美的答案。把你的想法大聲說出來就對了。

網址邊境（URL Frontier）

大部分的現代網路爬蟲，都會把擷取狀態區分為兩種：「要下載」與「已下載」。網址邊境所要負責的工作，就是把「要下載」的網址保存起來。你可以把它視為一個先進先出（FIFO）的佇列。關於網址邊境的詳細資訊，請參見隨後「第三步驟──深入研究」的內容。

HTML 下載器（HTML Downloader）

HTML 下載器負責從網際網路下載網頁。所要下載的網址，全都是由網址邊境負責提供。

DNS 解析器（DNS Resolver）

如果要正確下載網頁，就必須先把網址轉換成 IP 位址。HTML 下載器會調用 DNS 解析器，以獲取網址相應的 IP 位址。舉例來說，截至 2019 年 3 月 5 日為止，www.wikipedia.org 這個網址都會被轉換成 198.35.26.96 這個 IP 位址。

內容解析器（Content Parser）

網頁下載之後，接著就必須進行解析與驗證，因為格式錯誤的網頁有可能會引起問題並浪費儲存空間。如果把內容解析器放在網路爬蟲伺服器中，這樣恐怕會拖慢爬取網頁的速度。因此，在設計上往往會把內容解析器放到另一個獨立的伺服器中。

看過的內容？（Content Seen？）

根據一些網路上的研究 [6] 顯示，有 29％的網頁都是重複的內容，這有可能導致相同內容被重複儲存好幾次的結果。我們可以先判斷網頁是否為「看過的內容？」，藉此消除資料冗餘的情況，並縮短處理的時間。這樣的做法有助於偵測出之前在系統中儲存過的內容。如果要比較兩個 HTML 文件，我們可以採用逐個字元進行比較的做法。但這種做法既緩

慢又耗時，尤其是牽涉到好幾十億個網頁時，這個問題更加嚴重。另一種可有效完成此任務的做法，則是比較兩個網頁的雜湊值 [7]。

內容儲存系統（Content Storage）

這裡指的是用來儲存 HTML 內容的儲存系統。儲存系統的選擇，取決於資料類型、資料大小、存取頻率、資料有效壽命等因素。磁碟與記憶體都是可以採用的做法。

- 大多數內容都會保存在磁碟中，因為資料量實在太大，無法完全容納於記憶體之中。

- 比較常用的內容，就可以保存在記憶體中，以降低延遲的問題。

網址鏈結提取器（URL / Links Extractor）

網址鏈結提取器負責解析 HTML 頁面，並提取出其中所有的網址鏈結。圖 9-3 顯示的就是網址鏈結提取程序的範例。只要加上「https://en.wikipedia.org」這段前綴文字，就可以把相對路徑轉換成絕對網址。

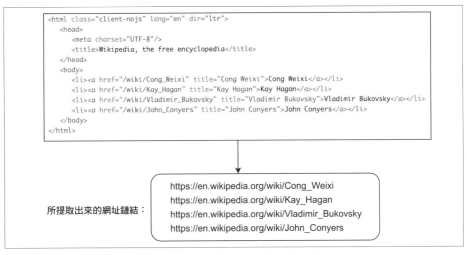

圖 9-3

網址篩選器（URL Filter）

網址篩選器可用來排除掉某些內容類型、檔案副檔名、錯誤鏈結與「列入黑名單」的網址。

看過的網址？（URL Seen？）

「看過的網址？」就是運用一種資料結構，來追蹤之前已經造訪過、或是已經放入網址邊境中的網址。「看過的網址？」可避免多次添加同樣的網址，因為這樣會增加伺服器的負擔，而且有可能導致無限迴圈的問題。

Bloom 篩選器與雜湊表，都是在實作「看過的網址？」時常用的技術。我們在這裡並不會詳細介紹 Bloom 篩選器與雜湊表的實作方式。更多相關的資訊，請參見參考資料 [4] [8]。

網址儲存系統（URL Storage）

網址儲存系統負責儲存已造訪過的網址。

到此為止，我們已討論過整個系統裡的每一個構成元素。接著我們就把這些東西匯整一下，以說明整個系統運作的流程。

網路爬蟲的工作流程

為了對整個工作流程做出更清楚的逐步說明，我們在設計圖中添加了一系列的編號，如圖 9-4 所示。

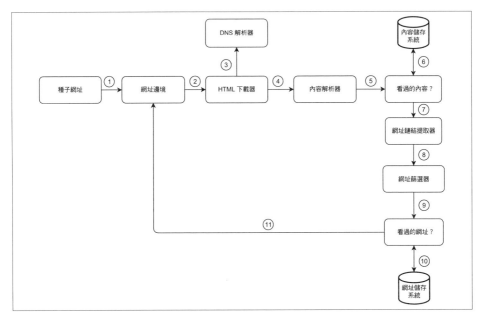

圖 9-4

Step 1： 把種子網址添加到網址邊境中

Step 2： HTML 下載器會從網址邊境取得一份網址列表。

Step 3： HTML 下載器會從 DNS 解析器取得網址的 IP 位址，然後開始下載。

Step 4： 內容解析器會針對 HTML 頁面進行解析，並檢查頁面是否有格式錯誤。

Step 5： 內容經過解析與驗證之後，就會傳遞給「看過的內容？」這個構成元素。

Step 6： 「看過的內容」這個構成元素會檢查 HTML 頁面是否已經保存在內容儲存系統中。

- 如果有保存過，就表示這個頁面雖然具有不同網址，但其中相同的內容已經被處理過了。在這樣的情況下，這個 HTML 頁面就會被丟棄。

153

- 如果沒保存過，就表示系統之前並未處理過相同的內容。如此一來，這個內容就會被傳遞給網址鏈結提取器。

Step 7： 網址鏈結提取器會從 HTML 頁面中提取出所有的網址鏈結。

Step 8： 提取出來的網址鏈結會被傳遞給網址篩選器。

Step 9： 網址鏈結被篩選過之後，就會被傳遞給「看過的網址？」這個構成元素。

Step 10：「看過的網址」這個構成元素會檢查網址是否已經有保存過，如果有的話，就表示之前已經處理過了，不需要再執行任何操作。

Step 11：如果是之前沒處理過的網址，就會被添加到網址邊境中。

第三步驟——深入設計

到目前為止，我們已經討論過高階的設計。接著我們會深入討論其中最重要的幾個構建元素與技術：

- 深度優先搜尋（DFS）與廣度優先搜尋（BFS）
- 網址邊境
- HTML 下載器
- 穩健性
- 可延伸性
- 檢測並避免有問題的內容

深度優先 vs. 廣度優先

你可以把網路想成一個有向圖（directed graph），其中網頁可視為一個一個的節點，而超鏈結（URL）則可視為一條一條的連線。整個網站擷取程序可以被視為在網頁到網頁之間遍歷整個有向圖的過程。常見的 graph 圖遍歷演算法有兩種，分別是 DFS（Depth-First Search；深度優先搜尋）與

BFS（Breadth-First Search；廣度優先搜尋）。不過，DFS 通常並不是一個好選擇，因為所要搜尋的深度有可能非常深。

網路爬蟲通常是採用 BFS 的做法，並搭配先進先出（FIFO）的佇列來進行實作。在 FIFO 的佇列中，網址會按照排隊的順序一一進行處理。不過，這種實作的方式有兩個問題：

• 同一個網頁裡大多數的鏈結，都是連回同一個主機。在圖 9-5 中，Wikipedia.com 裡所有的鏈結都是內部鏈結，因此網路爬蟲只會一心一意忙於處理這些來自同一主機（wikipedia.com）的網址。如果網路爬蟲嘗試以平行的方式下載網頁，維基百科的伺服器就會被大量請求所淹沒。一般認為這是很「不禮貌」的做法。

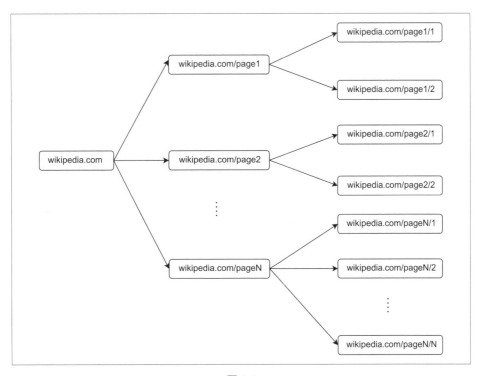

圖 9-5

- 標準 BFS 並不會把網址的優先順序列入考慮。網路真的很大，每個網頁的品質與重要性顯然並不完全相同。因此，我們或許希望能根據網址的頁面排名（page rank）、網路流量、更新頻率等條件，對網址的優先順序進行排序。

網址邊境

網址邊境有助於解決這些問題。網址邊境是一種可以把所要下載的網址保存起來的資料結構。網址邊境也可以用來確保禮貌性、網址優先順序、內容新鮮度，可說是一個很重要的構成元素。關於網址邊境，有一些相當值得注意的論文，可參見參考資料 [5] [9]。這些論文探討了以下幾個概念：

禮貌性

通常來說，網路爬蟲應該盡可能避免在短時間內，向同一主機伺服器發送過多的請求。發送過多請求會被視為「不禮貌」的行為，甚至被認為是在進行 DOS 拒絕服務攻擊。舉例來說，在沒有任何限制的情況下，網路爬蟲每秒可以向同一個網站發送好幾千個請求。這樣肯定會讓伺服器不堪重負。

一般來說，如果想讓人覺得比較有禮貌，可以一次只從同一主機下載一個頁面。也可以在兩次下載的任務之間，添加一點延遲的時間。我們可以用一個對應關係表，記錄網站主機名稱與下載執行緒（工作程序）之間的對應關係，進而實作出禮貌性的約束。下載器的每個執行緒都有一個獨立的 FIFO 佇列，而且都只會從相應的佇列中取得網址以進行下載。圖 9-6 顯示的就是我們用來管理禮貌性的設計方式。

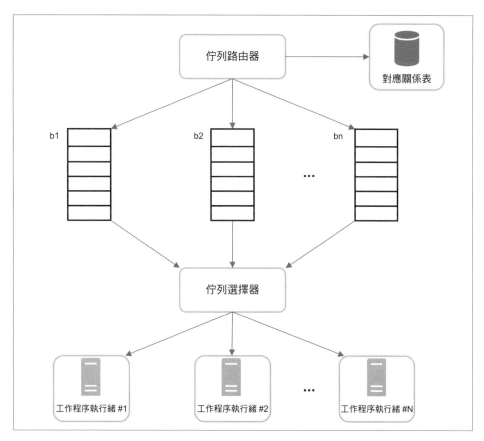

圖 9-6

- **佇列路由器**：它可以確保每個佇列（b1、b2、⋯、bn）都只會有來自同一主機的網址。

- **對應關係表**：它會把每個主機對應到一個佇列。

表 9-1

Host（主機）	Queue（佇列）
wikipedia.com	b1
apple.com	b2
...	...
nike.com	bn

- **FIFO 佇列 b1、b2 至 bn**：每個佇列都只包含來自同一主機的網址。

- **佇列選擇器**：每個工作程序執行緒都會對應到一個 FIFO 佇列，而且只會從相應的佇列取得網址進行下載。該選擇哪一個佇列，就是由佇列選擇器來進行判斷。

- **工作程序執行緒 1 到 N**：工作程序執行緒會針對同一個主機，一個接一個下載不同的網頁。我們也可以在兩次的下載任務之間，添加一些延遲的時間。

優先順序

一般討論區裡關於 Apple 產品的隨機貼文，與 Apple 官方主頁裡的貼文，顯然應該具有不同的權重。雖然這兩者都有「Apple」這個關鍵字，不過對於網路爬蟲而言，先到 Apple 的官方主頁擷取資料，還是比較明智的做法。

我們可以根據實用性（usefulness），對網址進行優先順序排列；所謂的實用性，可以透過 PageRank [10]、網站流量、更新頻率等數值來進行衡量。「優先順序排序器」（Prioritizer）就是負責處理網址優先順序排列。關於這個概念的詳細資訊，請參見參考資料 [5] [10]。

圖 9-7 顯示的就是網址優先順序管理的設計方式。

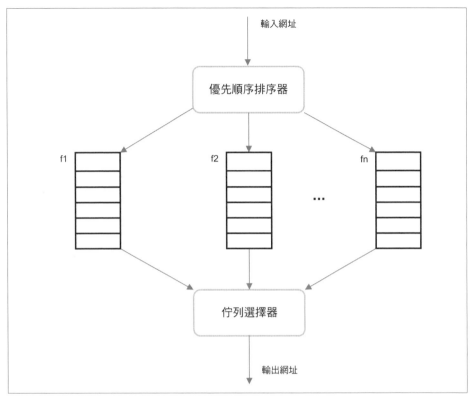

圖 9-7

- **優先順序排序器**：把多個網址當做輸入，計算出相應的優先順序。

- **佇列 f1 至 fn**：每個佇列都擁有一個預先指定好的優先順序。優先順序比較高的佇列，被選取到的機率就會比較高。

- **佇列選擇器**：以隨機的方式選擇佇列，不過優先順序比較高的佇列，被選到的機率比較高。

圖 9-8 呈現的就是網址邊境的設計方式，其中包含了兩個模組：

- **前佇列**：負責管理優先順序

- **後佇列**：負責管理禮貌性

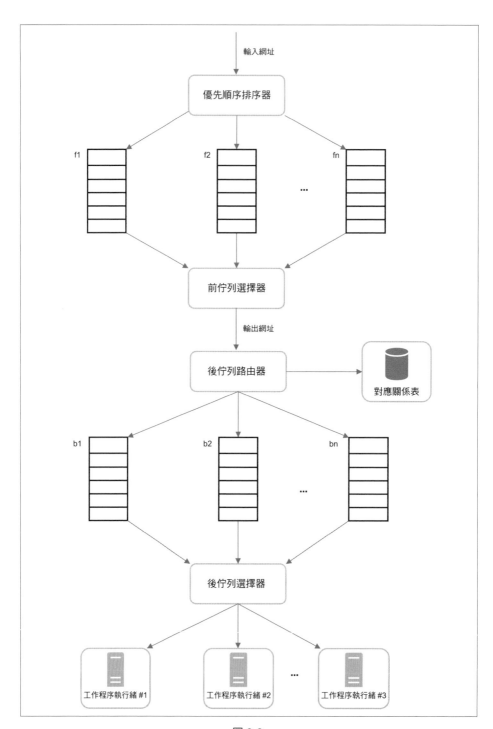

圖 9-8

內容新鮮度

這個世界總是不斷會有新的網頁被添加、修改與刪除。網路爬蟲必須定期重新抓取下載的頁面，好讓我們的資料集可以保持最新的資料。重新爬取所有的網址，既耗時又佔用資源。下面列出了幾種內容新鮮度（freshness）最佳化的策略：

- 根據網頁的更新歷史記錄，判斷是否需要重新爬取網頁內容。

- 針對優先順序比較高、比較重要的頁面，總是優先且更加頻繁進行重新擷取資料的動作。

網址邊境的儲存系統

在現實世界中，一般搜尋引擎的網路爬蟲所要處理網址數量，有可能多達好幾億的程度 [4]。把網址邊境裡的網址全都保存在記憶體的做法，既不具有持久性、也不具有可擴展性。但如果全都保存在磁碟，也是不可取的做法，因為磁碟的速度很慢，很容易就會成為網路爬蟲擷取資料的瓶頸。

我們選擇採用混合式的做法，先把大部分的網址儲存在磁碟，因此儲存空間不會有問題。為了降低磁碟讀寫的成本，我們在記憶體保留了一些緩衝區（buffer），可用來進行「把資料送入佇列」（enqueue）或是「從佇列取出資料」（dequeue）的操作。緩衝區裡的資料，也會定期寫入磁碟中。

HTML 下載器

HTML 下載器會使用 HTTP 協定，從網際網路下載許多網頁。在討論 HTML 下載器之前，我們先來看一下所謂的「機器人排除協定」（Robots Exclusion Protocol）。

Robots.txt

Robots.txt 就是所謂的「機器人排除協定」，它是一般網站用來與網路爬蟲進行溝通的一個標準。它會指定有哪些頁面可以讓網路爬蟲進行下載。網路爬蟲在嘗試擷取網站的資料之前，應該先檢查一下相應的 robots.txt，並遵守其中的規則。

為了避免重複下載 robots.txt 檔案，我們會針對這個檔案進行快取。這個檔案會被定期下載，並保存到快取之中。下面就是一個取自 https://www.amazon.com/robots.txt 的 robots.txt 檔案。其 中 有 些 目 錄（ 例 如 creatorhub）並不允許 Google bot 進行下載。

User-agent: Googlebot
Disallow: /creatorhub/*
Disallow: /rss/people/*/reviews
Disallow: /gp/pdp/rss/*/reviews
Disallow: /gp/cdp/member-reviews/
Disallow: /gp/aw/cr/

除了 robots.txt 之外，效能最佳化也是我們在討論 HTML 下載器時另一個很重要的概念。

效能最佳化

下面就是關於 HTML 下載器效能最佳化的幾種做法。

1. 分散式資料擷取

為了達到高效能的表現，負責擷取資料的工作（job）會被分配到多個伺服器中，而且每個伺服器都會執行多個執行緒。網址空間會被切分成好幾個比較小的部分；因此，每個下載器都只負責所有網址其中的一小部分子集合。圖 9-9 顯示的就是分散式資料擷取的範例。

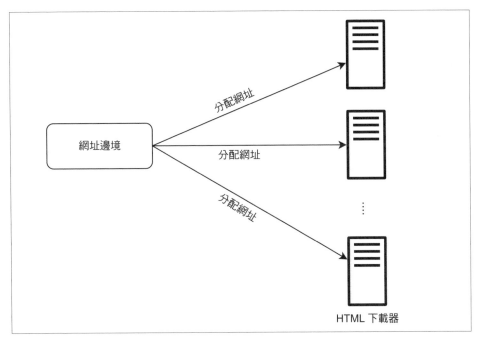

圖 9-9

2. 快取 DNS 解析器

DNS 解析器可說是網路爬蟲的一個瓶頸，因為許多 DNS 界面天生就有同步上的考量，因此 DNS 請求可能需要花費一些時間。DNS 的回應時間有可能需要 10ms 到 200ms。一旦有某個網路爬蟲執行緒對 DNS 執行了一個請求，其他執行緒就會被阻塞，直到第一個請求完成為止。自行維護一個 DNS 快取系統，以避免頻繁調用 DNS，就是一種很有效的速度最佳化技術。我們的 DNS 快取會保留網領域名稱與 IP 位址的對應關係，並運用 cron job 來定期更新。

3. 地理性考量

我們可根據不同的地理位置，使用不同的網路爬蟲伺服器，以達到最佳化的效果。如果網路爬蟲伺服器離網站主機比較近，網路爬蟲的下載時間就有可能更快一些。在設計上把地理位置列入考慮，對於系統中大多數的構成元素（例如網路爬蟲伺服器、快取、佇列、儲存系統等）都有一定的好處。

4. 短一點的超時時間

有些 Web 伺服器的回應非常緩慢，甚至根本不回應。為了避免等待時間過長，請限定最長的等待時間。如果主機在預定時間內沒有回應，網路爬蟲就會停下工作（job），並前往其他頁面繼續擷取資料。

穩健性

除了效能最佳化之外，穩健性（robustness）也是很重要的考慮因素。我們在這裡提出幾種提高系統穩健性的做法：

- **具有一致性的雜湊做法**：這個做法有助於在不同下載器之間分散負載。我們可以用具有一致性的雜湊做法，來添加或移除新的下載伺服器。更多詳細的訊息，請參見「第 5 章：設計具有一致性的雜湊做法」。

- **保存擷取狀態與資料**：如果要避免出現故障的情況，可以把資料擷取的狀態與資料本身寫入到某個儲存系統之中。隨後只要載入所保存的狀態與資料，就可以輕易重新啟動被中斷的資料擷取程序。

- **異常處理**：在大型系統中，錯誤是無可避免而且很常見的情況。網路爬蟲必須妥善處理異常的情況，而不要導致系統崩潰。

- **資料驗證**：這是避免系統錯誤的一種重要做法。

可擴展性

幾乎每個系統都會持續擴展，因此我們設計的目標之一，就是讓系統具有足夠的靈活性，隨時可支援新的內容類型。只要透過插入新模組的方式，就可以對網路爬蟲進行擴展。圖 9-10 顯示的就是如何添加新模組的做法。

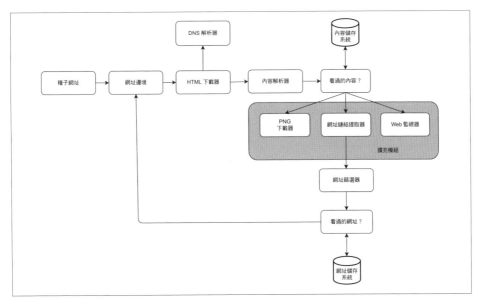

圖 9-10

- 插入 PNG 下載器模組，就可以下載 PNG 檔案。

- 添加 Web 監視模組，就可以監視 Web 網路，阻止版權與商標侵權的情況。

偵測、避開有問題的內容

本節打算討論的是，如何偵測、避開那些多餘、沒有意義或有害的內容。

1. 多餘的內容

如前所述，有將近 30％的網頁其實是重複的。雜湊或 checksum 校驗的做法，有助於偵測出重複的內容 [11]。

2. 網路蜘蛛陷阱

網路蜘蛛陷阱（spider trap）指的就是可以讓網路爬蟲陷入無限迴圈的網頁。舉例來說，下面的網址就是一個深度無限的目錄結構：

www.spidertrapexample.com/foo/bar/foo/bar/foo/bar/...

只要針對網址的長度設定一個最大值，就可以避免這類的網路蜘蛛陷阱。不過，偵測網路蜘蛛陷阱並沒有一種萬能的解決方案。如果網站裡頭包含網路蜘蛛陷阱，應該很容易就可以識別出來，因為在這類的網站中，往往會有異常多的網頁。雖然很難開發出一種自動演算法，來避免網路蜘蛛陷阱，不過使用者還是可以用人工的方式驗證、識別出網路蜘蛛陷阱，並且幫網路爬蟲排除掉那些網站，或是套用一些自定義的網址篩選器。

3. 資料雜訊

有一些內容對你來說幾乎沒有任何價值（例如廣告，程式碼段，垃圾郵件網址等）。這些內容對於網路爬蟲來說也沒什麼用處，因此如果可能的話，應該盡可能把這些內容排除掉。

第四步驟——匯整總結

本章首先討論了良好網路爬蟲的特性：可擴展性、禮貌性、可延伸性與穩健性。然後我們提出了一個設計，並討論其中一些關鍵的構成元素。想要打造出一個可擴展的網路爬蟲，並不是一件容易的事，因為網路非常龐大，而且有許多陷阱。雖然我們的討論已涵蓋許多主題，但還是錯過了許多相關的主題：

- **伺服端渲染**：許多網站會使用 JavaScript、AJAX 等腳本來動態生成網址鏈結。如果直接下載並解析網頁，就無法取得這些動態生成的鏈結。為了解決這個問題，我們在解析頁面之前，可以先執行伺服端渲染（server-side rendering；也稱為動態渲染，dynamic rendering）[12]。

- **篩選掉不需要的頁面**：由於儲存容量與資源有限，我們可以運用反垃圾（anti-spam）的做法，篩選掉一些低品質的垃圾頁面 [13][14]。

- **資料庫複寫機制與分片**：複寫機制與分片之類的技術，可用來提高資料層的可用性、可擴展性與可靠性。

- **水平擴展**：對於大規模的網路爬取任務，有可能需要好幾百甚至好幾千部伺服器來執行下載任務。其中的關鍵，就是要讓伺服器保持無狀態（stateless）。

- **可用性、一致性與可靠性**：這些概念可說是任何大型系統成功的核心。我們曾在第 1 章詳細討論過這些概念。請回頭複習一下這些主題。

- **分析**：資料的收集與分析，對於任何系統來說都是很重要的部分，因為資料是進一步進行微調的關鍵要素。

恭喜你跟我們走到了這裡！現在你可以拍拍自己的肩膀。你真是太棒了！

參考資料

[1]　US Library of Congress（美國國會圖書館）：https://www.loc.gov/websites/

[2]　EU Web Archive（歐盟網路封存服務）：http://data.europa.eu/webarchive

[3]　Digimarc: https://www.digimarc.com/products/digimarc-services/piracy-intelligence

[4]　Heydon A., Najork M. Mercator: A scalable, extensible web crawler World Wide Web
（一種可擴展、可延伸的 www 網路爬蟲）, 2（4）(1999), pp.219-229

[5]　By Christopher Olston, Marc Najork: Web Crawling（網路爬取資料）：
http://infolab.stanford.edu/~olston/publications/crawling_survey.pdf

[6]　29% Of Sites Face Duplicate Content Issues（29% 的網站都面臨內容重複的問題）：
https://tinyurl.com/y6tmh55y

[7]　Rabin M.O., et al.Fingerprinting by random polynomials Center for Research in
Computing Techn.（隨機多項式進行指紋識別，計算技術研究中心）, Aiken
Computation Laboratory, Univ.(1981)

[8]　B. H. Bloom, "Space/time trade-offs in hash coding with allowable errors,"（在可允許
的錯誤下，雜湊編碼在空間 / 時間上的權衡取捨）Communications of the ACM,
vol.13, no.7, pp.422–426, 1970.

[9]　Donald J. Patterson, Web Crawling（網路爬取資料）：
https://www.ics.uci.edu/~lopes/teaching/cs221W12/slides/Lecture05.pdf

[10]　L. Page, S. Brin, R. Motwani, and T. Winograd, "The PageRank citation ranking: Bringing
order to the web,"（「PageRank 引用排名：把秩序帶到網路中」）Technical Report,
Stanford University, 1998.

[11]　Burton Bloom.Space/time trade-offs in hash coding with allowable errors.（在可允許
的錯誤下，雜湊編碼在空間 / 時間上的權衡取捨）Communications of the ACM,
13(7), pages 422--426, July 1970.

[12]　Google Dynamic Rendering（Google 動態渲染）：
https://developers.google.com/search/docs/guides/dynamic-rendering

[13] T. Urvoy, T. Lavergne, and P. Filoche, "Tracking web spam with hidden style similarity,"（用隱藏的樣式相似性來追蹤網路垃圾郵件）in Proceedings of the 2nd International Workshop on Adversarial Information Retrieval on the Web, 2006.

[14] H.-T.Lee, D. Leonard, X. Wang, and D. Loguinov, "IRLbot: Scaling to 6 billion pages and beyond,"（IRLbot：擴展到超過 60 億以上的頁面）in Proceedings of the 17th International World Wide Web Conference, 2008.

設計通知系統

近年來，通知系統已成為許多應用程式中非常受歡迎的功能。通知系統可提醒使用者重要資訊，例如突發新聞、產品更新、事件、優惠產品等。它已成為我們日常生活中不可或缺的一部分。本章打算要求你設計出一個通知系統。

這裡所謂的通知（notification），並不只是手機的推送通知。通知共有三種不同形式：手機推送通知（push notification）、手機簡訊（SMS）、以及 Email 電子郵件。圖 10-1 顯示的就是各種通知的範例。

| 推送通知 | SMS 簡訊 | Email |

圖 10-1

第一步驟──瞭解問題並確立設計的範圍

打造出一個每天可發送好幾百萬條通知的可擴展系統，並不是一件容易的事。我們必須先對通知的整個生態系統有深刻的了解。面試問題都是開放性的，經常呈現出一種模棱兩可的樣子，而提出問題以釐清需求正是你的責任。

> **應試者**：系統要支援哪些類型的通知？
> **面試官**：推送通知、手機簡訊和電子郵件。

> **應試者**：這是一個即時系統嗎？
> **面試官**：我們姑且說這是一個輕（soft）即時系統。我們希望使用者可以盡快收到通知。但如果系統的工作量很大，則可以稍有延遲。

> **應試者**：支援哪些設備？
> **面試官**：iOS 設備、Android 設備與筆記型 / 桌上型電腦。

> **應試者**：什麼東西會觸發通知？
> **面試官**：可以由客戶端的應用程式來觸發通知。也可以在伺服端以排程的方式觸發通知。

> **應試者**：使用者可以選擇停止通知嗎？
> **面試官**：可以，選擇停止通知的使用者，就不會再收到通知了。

> **應試者**：每天預計會發出多少通知？
> **面試官**：1,000 萬則手機推送通知、100 萬則手機簡訊，以及 500 萬封電子郵件。

第二步驟──提出高階設計並取得認可

本節所顯示的高階設計，可支援各種通知類型：iOS 推送通知、Android 推送通知、SMS 手機簡訊與 Email 電子郵件。相關的幾個主題如下：

- 不同類型的通知

- 聯繫資訊的收集流程

- 通知的發送 / 接收流程

不同類型的通知

我們先從比較高階的角度,查看一下各種通知類型的工作原理。

iOS 推送通知

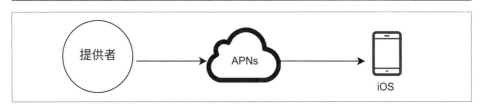

圖 10-2

發送 iOS 推送通知,主要需要三個構成元素:

- **提供者(Provider)**:提供者負責生成通知的請求,然後發送給 Apple 推送通知服務(APNS,Apple Push Notification Service)。為了構建出推送通知,提供者必須提供以下的資料:

  ○ **設備 Token**:這是用來發送推送通知的唯一標識符號。

  ○ **負載內容(Payload)**:這是一個 JSON 字典,其中包含通知的負載內容。這裡有一個範例:

    ```
    {
      "aps":{
              "alert":{
                 "title":"Game Request",
                 "body":"Bob wants to play chess",
                 "action-foe-key":"PLAY"
              },
              "badge":5
          }
    }
    ```

- **APNS**：這是 Apple 所提供的一個遠端服務，負責把推送通知傳播到 iOS 設備中。
- **iOS 設備**：這就是最終的客戶端，負責接收推送通知。

Android 推送通知

Android 採用的是類似的通知流程。不過並非採用 APN，而是採用 FCM（Firebase Cloud Messaging）來向 Android 設備發送推送通知。

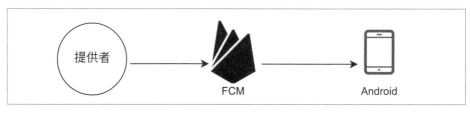

圖 10-3

SMS 手機簡訊

以 SMS 手機簡訊來說，通常都是使用第三方的 SMS 簡訊服務，例如 Twilio [1]、Nexmo [2] 等，還有許多其他選擇可供採用。這些大多數都是商業化的服務。

圖 10-4

Email 電子郵件

雖然一般公司可自行架設自己的電子郵件伺服器，不過有許多公司還是選擇商用的電子郵件服務。Sendgrid [3] 與 Mailchimp [4] 都是很受歡迎的電子郵件服務，它們可提供很好的傳遞率與資料分析功能。

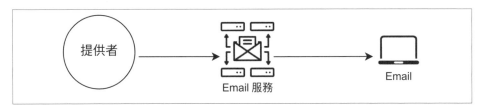

圖 10-5

圖 10-6 顯示的就是納入所有第三方服務之後的設計。

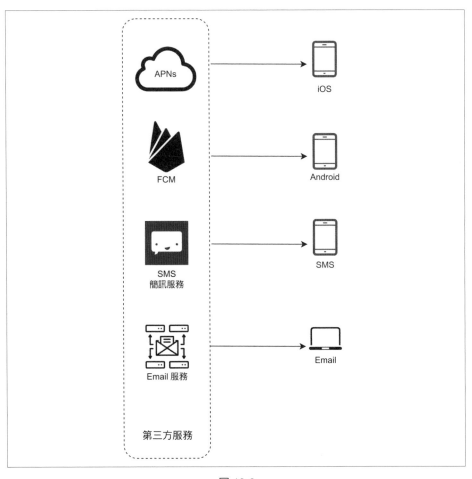

圖 10-6

聯繫資訊的收集流程

如果要發送通知，我們就必須先收集到手機設備的 Token、手機號碼或電子郵件地址。如圖 10-7 所示，當使用者安裝我們的 app 或首次註冊時，API 伺服器就會收集使用者的聯繫資訊，然後保存到資料庫中。

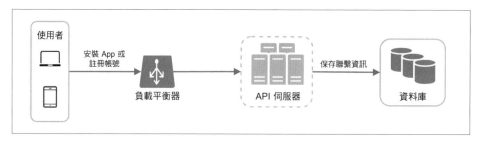

圖 10-7

圖 10-8 顯示的是用來保存聯繫資訊的簡化資料表。電子郵件地址與手機號碼會儲存在 *user* 資料表中，而設備 Token 則儲存在 *device* 資料表中。一個使用者可擁有多個設備，這也就表示，推送通知可發送到使用者所有的設備中。

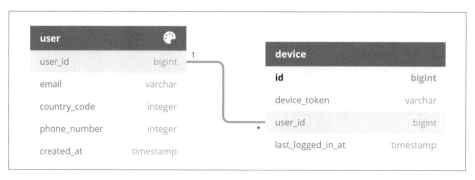

圖 10-8

通知的發送 / 接收流程

我們會先介紹初始設計；然後再提出一些最佳化的做法。

高階設計

圖 10-9 顯示的就是相應的設計，其中每個系統構成元素的說明如下。

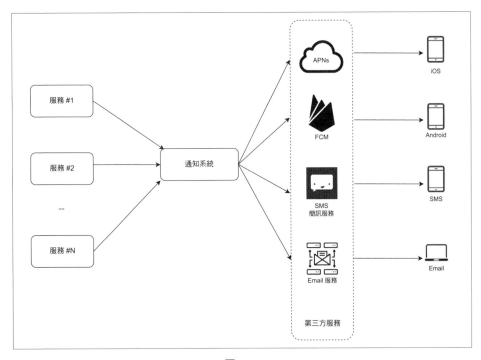

圖 10-9

服務 #1 到服務 #N：這裡的服務有可能是微服務、cron job，或是可觸發通知發送事件的分散式系統。舉例來說，有些計費服務可能會發送電子郵件以提醒客戶付款，購物網站也可能透過 SMS 簡訊，告訴客戶他們的包裹明天就會送到。

通知系統：通知系統是整個發送 / 接收通知的中心。我們先從簡單的做法開始，只使用一個通知伺服器。它可以提供 API 給服務 #1 到服務 #N，並針對第三方服務打造通知所需的負載內容（payload）。

第三方服務：第三方服務負責向使用者傳遞通知。與第三方服務整合時，我們必須特別注意可擴展性。所謂良好的可擴展性，意思就是一個可輕鬆插入或拔掉第三方服務的靈活系統。另一個重要的考慮因素，就是在未來

或某個新的市場中，第三方服務有可能無法再繼續使用。舉例來說，FCM
在中國就無法使用。因此，在中國就必須使用其他替代的第三方服務，例
如 Jpush，PushY 等。

iOS、Android、SMS、Email：使用者可以用他們的設備接收通知。

這個設計有三個問題：

- **單點故障（SPOF）**：只使用單一個通知伺服器，就表示會有單點故
  障的風險。

- **難以擴展**：這個通知系統使用單一伺服器，負責處理與推送通知相
  關的所有內容。如果想要獨立擴展資料庫、快取或採用其他不同的
  通知處理方式，都會是一項很具有挑戰性的任務。

- **效能瓶頸**：通知的處理與發送，可能會佔用大量的資源。舉例來
  說，構建 HTML 頁面、等待第三方服務的回應，可能都會花費一
  些時間。在單一系統中處理所有內容，可能會導致系統超載的問題
  （尤其在尖峰時段）。

高階設計（改進版）

列舉出初始設計其中幾項挑戰之後，我們對整個設計進行了如下的改進：

- 把資料庫與快取移出通知伺服器。

- 添加更多通知伺服器，並建立自動水平擴展的能力。

- 導入訊息佇列，讓系統的各個構成元素得以解耦（decouple）。

圖 10-10 顯示的就是改進版的高階設計。

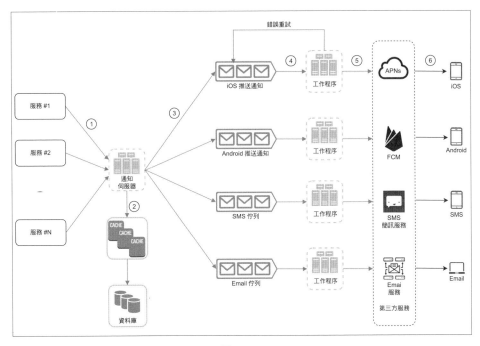

圖 10-10

上面這張圖最理想的檢視方式，就是從左往右看過去：

服務 #1 到服務 #N：這幾個不同的服務，可透過通知伺服器所提供的 API，發送出各種不同的通知。

通知伺服器：負責提供以下功能：

- 提供 API 給各種不同的服務，以發送出各種通知。我們只能透過已驗證的客戶端來存取這些 API，以避免製造出許多垃圾訊息。這裡多半是以驗證電子郵件、電話號碼等方式，來進行基本的驗證。

- 查詢資料庫或快取，以取得通知所需的資料。

- 把通知資料放入不同的訊息佇列，以進行平行處理。

這裡有個發送電子郵件的 API 範例：

POST https://api.example.com/v/sms/send

請求的 body 內容：

```
{
  "to":[
    {
      "userid": 123456
    }
  ],
  "from":{
    "email": "from_address@example.com"
  },
  "subject": "Hello, World!",
  "content": [
    {
      "type": "text/plain",
      "value": "Hello, World!"
    }
  ]
}
```

快取：使用者資訊、設備資訊、通知範本等等，都會進行快取。

資料庫：負責儲存使用者、通知、設定等相關資料。

訊息佇列：可移除各個構成元素之間的依賴關係。如果發送了大量的通知，訊息佇列也可以充當緩衝區。每一種通知類型都會被指定到不同的訊息佇列，這樣一來如果有某個第三方服務出問題，也不會影響到其他類型的通知。

工作程序（worker）：工作程序指的是一堆伺服器，它可以從訊息佇列提取出通知事件，然後再發送到相應的第三方服務。

第三方服務：在初始設計已經解釋過了。

iOS、Android、SMS、Email：在初始設計已經解釋過了。

接著我們就來檢查一下，每一個構成元素如何協同工作，以發送出一則通知：

1. 某個服務調用通知伺服器所提供的 API 來發送通知。

2. 通知伺服器從快取或資料庫中取得詮釋資料（metadata；例如使用者資訊、設備 Token 與通知設定）。

3. 通知事件被發送到相應的佇列中進行處理。舉例來說，iOS 的推送通知事件就會被發送到 iOS 推送通知佇列。

4. 工作程序從訊息佇列中提取出通知事件。

5. 工作程序把通知發送給第三方服務。

6. 第三方服務把通知發送到使用者的設備中。

第三步驟——深入設計

在高階設計中，我們討論了好幾種不同類型的通知、聯繫資訊的收集流程，以及通知的發送 / 接收流程。接下來我們會深入探討以下的內容：

- 可靠性。

- 其他額外的一些構成元素：通知範本、通知設定、網路限速、重試機制、推送通知的安全性、監視佇列裡的通知，以及事件追蹤。

- 更新的設計。

可靠性

在分散式環境下設計通知系統時，我們必須回答一些很重要的可靠性問題。

• 如何防止資料丟失？

通知系統最重要的要求之一，就是不能丟失資料。通知通常可以接受延遲或重新排隊，但絕不能接受丟失的情況。為了滿足此要求，通知系統會把通知資料保存在資料庫，並實作出重試的機制。為了保持資料的持久性，因此我們採用了一個通知日誌記錄資料庫，如圖 10-11 所示。

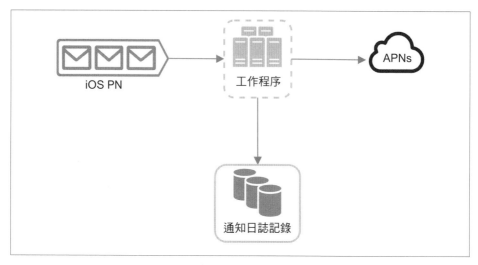

圖 10-11

・接收通知者只會收到一次通知嗎？

最簡潔的答案是「不」。雖然通知在大多數情況下只會發送一次，不過由於分散式系統的特性，有可能會導致重複通知的情況。為了減少重複的情況，我們導入了重複資料刪除（dedupe）機制，並仔細處理每一次通知失敗的狀況。下面就是一個簡單的重複資料刪除處理邏輯：

通知事件首次到達時，我們會檢查事件 ID，看看之前有沒有看過這個事件。如果之前有看到過，就把它丟棄掉。否則的話，我們就會發出通知。如果有興趣的讀者想瞭解為什麼我們無法很精準地只送出一次通知，請參見參考資料 [5]。

其他額外的一些構成元素

我們已經討論過如何收集使用者聯繫資訊，以及如何發送 / 接收通知。通知系統的功能遠不只如此。我們還會在這裡討論一些其他的構成元素，包括範本重用、通知設定、事件追踪、系統監視、網路限速等等。

通知範本

大型通知系統每天都會發送好幾百萬則通知，而且其中有許多通知的格式都很類似。只要採用通知範本的做法，就不需要每次都重新開始建立每一則通知。通知範本是一種預先格式化的通知，可透過自定義參數、樣式、追蹤鏈結等設定，建立你專屬的通知內容。下面就是一個推送通知範本的範例。

> 嘿！伙伴：
>
> 你敢要，我們就敢給。[ITEM NAME] 回來了——優惠只到 [DATE]。
>
> 行動呼籲：
>
> 馬上就下單。這次錯過 [ITEM NAME] 機會不再！

使用通知範本的好處是，可以保持一致的格式、減少不經意的錯誤，而且可以節省時間。

通知設定

使用者每天通常都會收到太多通知，而且很容易就會感到不知所措。因此，許多網站與 app 都會提供使用者一些通知設定相關的細部控制。這些資訊全都儲存在通知設定的資料表中，其中通常會有以下這些欄位：

```
user_id bigInt
channel varchar # 推送通知、email 或 SMS 簡訊
opt_in boolean  # 選擇是否要接受通知
```

把任何通知發送給使用者之前，都應該先檢查一下使用者有沒有選擇接收此類通知。

限速的做法

為了避免過多通知讓使用者感到不知所措，我們可以限制使用者可接收的通知數量。這是很重要的設定，因為通知如果發送得太頻繁，接收通知者反而有可能會把通知完全關閉掉。

重試機制

如果第三方服務無法發送通知，就會把通知添加到訊息佇列中以進行重試。但如果問題一直存在，系統就可以向開發者發送出警報。

推送通知的安全性

iOS 或 Android App 都可以用 appKey 與 appSecret 來確保推送通知 API 的安全性 [6]。唯有通過身份驗證或驗證的客戶端，才能夠使用我們的 API 來發送推送通知。有興趣的使用者可參見參考資料 [6]。

監視佇列裡的通知

特別需要進行監視的關鍵指標，就是佇列裡通知的總數量。如果這個數量很大，就表示工作程序無法以足夠快的速度處理通知事件。如果要避免通知被延遲傳遞，就需要更多的工作程序。圖 10-12（取自 [7]）顯示的就是佇列中尚未處理的訊息數量範例。

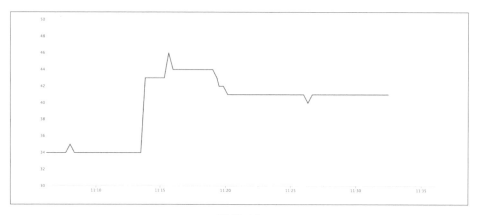

圖 10-12

事件追蹤

有一些通知相關指標（例如開啟率、點擊率與參與度）對於理解客戶行為而言十分重要。Analytics 服務可實作出事件追蹤的功能。這通常需要在通知系統與分析服務之間進行整合。圖 10-13 顯示的範例，就是基於分析的目的，可能需要進行追蹤的一些事件。

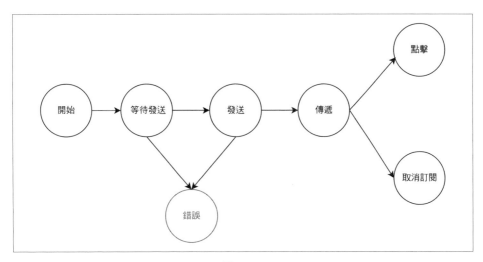

圖 10-13

更新的設計

把所有東西整合起來之後，圖 10-14 顯示的就是更新過的通知系統設計。

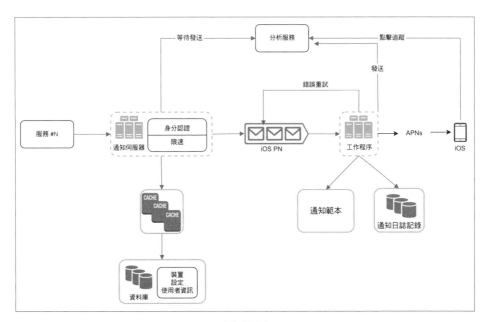

圖 10-14

相較於之前的設計，這個更新的設計添加了許多新的構成元素。

- 通知伺服器多了兩個更重要的功能：身份驗證與限速機制。

- 我們還添加了重試機制，以處理通知失敗的情況。如果系統無法發送通知，就會把通知放回訊息佇列，而工作程序則會根據預定義的次數進行重試。

- 此外，通知範本可提供具有一致性又有效率的通知建立程序。

- 最後，系統添加了監視與追蹤的功能，可做為系統運行狀況檢查與未來改進的參考。

第四步驟——匯整總結

通知是必不可少的功能，因為它讓我們可以隨時注意到重要的資訊。它有可能是你在 Netflix 上喜歡的電影所推送的通知、新產品折扣的電子郵件通知、或是你在線上購物付款確認的訊息。

我們在本章描述了一些可支援多種通知格式（推送通知、手機簡訊與電子郵件）的可擴展通知系統設計。我們採用訊息佇列的做法，讓系統的各個構成元素得以解耦。

除了高階設計之外，我們還深入研究了更多的構成元素與最佳化做法。

- **可靠性**：我們提出了一種可靠的重試機制，以最大程度降低故障率。

- **安全性**：AppKey / appSecret 可用來進行驗證，只有通過驗證的客戶端才能發送通知。

- **追蹤與監視**：在通知流程的任何階段都可以實作出這些功能，以擷取重要的統計訊息。

- **尊重使用者的設定**：使用者可以選擇拒絕接收通知。我們的系統在發送通知之前，都會先檢查使用者的設定。

- **限速的做法**：如果能針對使用者所收到的通知數量做出限制，使用者會很感謝的。

恭喜你跟我們走到了這裡！現在你可以拍拍自己的肩膀。你真是太棒了！

參考資料

[1] Twilio SMS: https://www.twilio.com/sms

[2] Nexmo SMS: https://www.nexmo.com/products/sms

[3] Sendgrid: https://sendgrid.com/

[4] Mailchimp: https://mailchimp.com/

[5] You Cannot Have Exactly-Once Delivery（你就是沒辦法準確只發送一次）: https://bravenewgeek.com/you-cannot-have-exactly-once-delivery/

[6] Security in Push Notifications（推送通知安全性）: https://cloud.ibm.com/docs/services/mobilepush?topic=mobile-pushnotification-security-in-push-notifications

[7] RadditMQ: https://bit.ly/2sotIa6

設計動態訊息系統

本章會要求你設計出一個動態訊息系統。什麼是動態訊息（news feed；字面上是新聞饋送的意思）？根據 Facebook 輔助說明頁面的說法，「動態訊息指的是在你首頁中間持續更新的故事列表。動態訊息內容包括最新動態（status updates）、照片、影片、鏈結、app 活動，以及來自其他人、其他頁面，或是你在 Facebook 所關注的群組按讚的內容。」[1] 其實這是一個很受歡迎的面試問題。其他常見的類似問題還有：設計 Facebook 動態訊息、Instagram 個人動態（feed）、Twitter 時間軸（timeline）等等。

圖 11-1（圖片來源：https://bit.ly/2Vv9JCm）

第一步驟——瞭解問題並確立設計的範圍

第一組需要釐清的問題，就是先瞭解面試官要求你設計動態訊息系統時，她心裡想的究竟是什麼。至少你應該先搞清楚，需要支援哪些功能。這裡有一些應試者與面試官互動的例子：

應試者：這是一個行動 App 嗎？還是一個 Web 應用程式？抑或是兩種都要做？

面試官：兩種都要做嘍！

應試者：需要具備哪些重要的功能呢？

面試官：使用者可以發佈貼文（post），也可以在動態訊息頁面中查看到朋友的貼文。

應試者：動態訊息是按照時間倒序排列，還是按照主題分數之類的特定順序排列？舉例來說，來自你密友的貼文，是不是可以得到比較高的分數？

面試官：為了簡單起見，我們姑且假設動態訊息是按照時間倒序排列。

應試者：一個使用者可以有幾個朋友？

面試官：5,000

應試者：會有多少流量？

面試官：1,000 萬 DAU（Daily Active Users；每日活躍使用者數量）

應試者：動態訊息中可以包含圖片、影片嗎？還是只能包含文字？

面試官：可以包含媒體檔案，包括圖片和影片。

現在你已收集好設計需求，接著就把焦點放在系統的設計吧。

第二步驟——提出高階設計並取得認可

這個設計可分成兩種流程：發佈個人動態（feed）與構建動態訊息（news feed）。

- **發佈個人動態**：使用者發佈貼文時，會把相應的資料寫入快取與資料庫。貼文也會被送進朋友的動態訊息中。
- **構建動態訊息**：為了簡單起見，我們姑且假設動態訊息是按照時間倒序的方式匯整朋友們的貼文所構建起來的。

動態訊息 API

動態訊息 API 是客戶端與伺服器主要的溝通方式。這些 API 是以 HTTP 為基礎，可以讓客戶端執行一些動作，包括發佈個人動態、檢索動態訊息、添加朋友等等。我們會討論其中兩個最重要的 API：發佈個人動態 API 與動態訊息檢索 API。

發佈個人動態 API

如果要發佈貼文，就會透過一個 HTTP POST 請求發送到伺服器。這個 API 如下所示：

POST /v1/me/feed

參數：

- content：就是貼文的文字內容。
- auth_token：用來做為 API 請求的身份認證。

動態訊息檢索 API

檢索動態訊息的 API 如下所示：

GET /v1/me/feed

參數：

- auth_token：用來做為 API 請求的身份認證。

發佈個人動態

圖 11-2 顯示的就是發佈個人動態流程的高階設計。

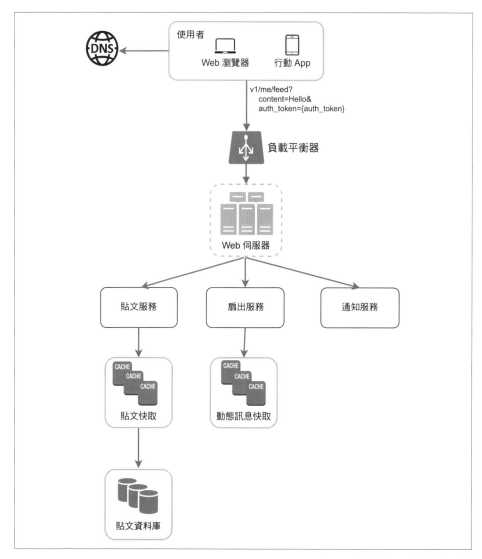

圖 11-2

- **使用者**：使用者可以在瀏覽器或行動 App 上發佈或查看動態訊息。
  下面就是一個使用者透過 API 發佈了一則內容為「Hello」的貼文：
  /v1/me/feed?content=Hello&auth_token={auth_token}

- **負載平衡器**：把流量分散到各個 Web 伺服器。

- **Web 伺服器**：Web 伺服器會把流量重定向到不同的內部服務。

- **貼文（Post）服務**：把貼文保存到資料庫與快取中。

- **扇出（Fanout）服務**：把新內容推送到朋友的動態訊息。動態訊息的資料會被儲存在快取中，以便進行快速檢索。

- **通知（Notification）服務**：通知朋友有新的內容，並發送推送通知。

構建動態訊息

本節打算討論如何在後台構建出動態訊息。圖 11-3 顯示的就是高階的設計：

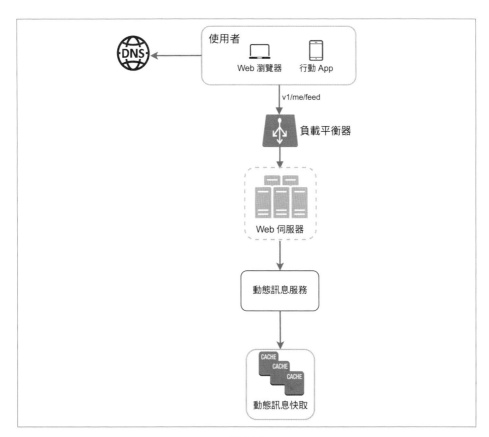

圖 11-3

- **使用者**：使用者可發出請求，以檢索出她自己的動態訊息。這個請求看起來就像這樣：/v1/me/feed。

- **負載平衡器**：負載平衡器會把流量重定向到 Web 伺服器。

- **Web 伺服器**：Web 伺服器會把請求轉送到動態訊息服務。

- **動態訊息服務**：動態訊息服務會從快取中取得動態訊息。

- **動態訊息快取**：儲存動態訊息 ID，呈現動態訊息時就會用到。

第三步驟——深入設計

我們在高階設計簡要介紹了兩種流程：發佈個人動態與構建動態訊息。這裡打算更進一步深入探討這些主題。

「發佈個人動態」深入探討

圖 11-4 大致上描述了發佈個人動態的詳細設計。我們已經討論過高階設計其中大部分的構成元素，這裡我們再特別重點關注其中兩個構成元素：Web 伺服器與扇出服務。

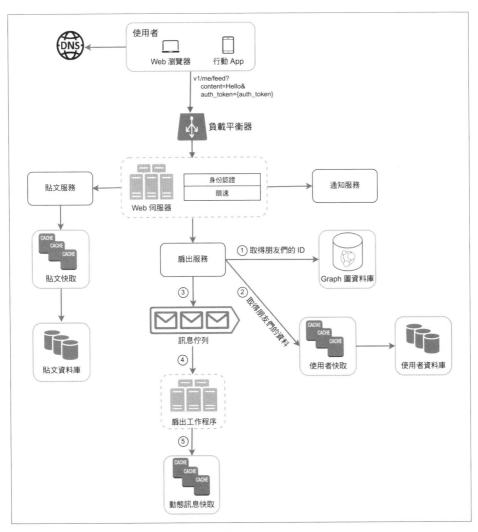

圖 11-4

Web 伺服器

除了與客戶端進行溝通之外，Web 伺服器還要執行「身份驗證」與「限速」的任務。唯有使用有效的 auth_token 登入的使用者，才能發佈貼文。這個系統也限制了使用者在一定時間內可以發佈的貼文數量，這對於阻止垃圾訊息與濫用內容來說至關重要。

扇出服務

扇出（Fanout）就是對所有朋友發送貼文的程序。扇出模型有兩種類型：寫入時扇出（fanout on write；也稱為 push 推送模型）與讀取時扇出（fanout on read；也稱為 pull 拉取模型）。兩種模型各有優缺點。我們會解釋各自的工作流程，並探索出可支援我們系統的最佳做法。

寫入時扇出：如果使用這種做法，動態訊息就會在寫入期間被預先進行處理。新貼文發佈之後，就會立即傳送到朋友的快取中。

優點：

- 動態訊息是即時生成的，可立即推送給朋友。

- 很快就能取得動態訊息，因為動態訊息在寫入期間就預先處理好了。

缺點：

- 如果使用者有很多朋友，那麼取得朋友列表並創建相應的動態訊息就會很慢很耗時。這就是所謂的熱鍵（hotkey）問題。

- 對於一些不活躍或很少登入的使用者來說，預先處理其動態訊息的做法實在很浪費計算資源。

讀取時扇出：動態訊息會在讀取時段內生成。這是一種有需求才做動作的 on-demand 模型。當使用者載入其主頁時，最新的貼文就會被拉（pull）過去。

優點：

- 對於不活躍或很少登入的使用者來說，讀取時扇出是比較好的做法，因為這樣比較不會浪費計算資源。

- 資料並不會推送給朋友，因此沒有熱鍵問題。

缺點：

- 由於動態訊息並未預先處理，因此在取得動態訊息時會比較慢。

我們會採用一種混合式的做法，以取得兩種做法的優點，同時避免掉它們各自的缺點。由於快速取得動態訊息是很重要的事，因此我們針對大多數使用者採用了推送模型。至於那些擁有很多朋友 / 追蹤者的名人或使用者，我們則讓這些追蹤者採用「有需要才做動作」的 on-demand 方式拉取動態訊息，以避免系統超出負荷。具有一致性的雜湊做法是緩解熱鍵問題的一種有用技術，因為它可以有助於更均勻分散請求與資料。

我們就來仔細查看一下扇出服務，如圖 11-5 所示。

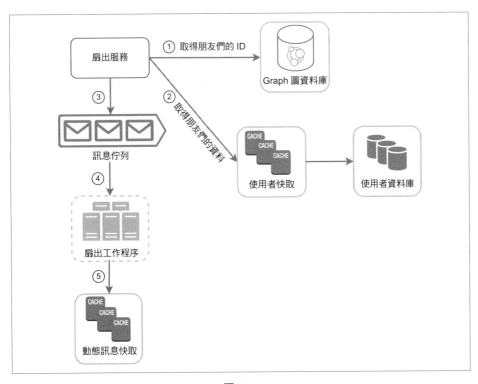

圖 11-5

扇出服務的運作方式如下：

1. 從 graph 圖資料庫中取得朋友們的 ID。Graph 圖資料庫特別適合用來管理朋友關係與朋友的推薦。有興趣的讀者如果想要瞭解此概念更多的相關訊息，請參見參考資料 [2]。

2. 從使用者快取中取得朋友們的資訊。然後，系統會根據使用者設定篩選出其中的一些朋友。舉例來說，如果你暫停追蹤（mute；噤聲）某人，雖然你們還是朋友，但她的貼文就不會顯示在你的動態訊息中了。貼文未顯示的另一個原因是，使用者可以有選擇性地只與特定朋友分享資訊或對其他人隱藏資訊。

3. 把朋友列表與新的貼文 ID 發送到訊息佇列。

4. 扇出工作程序會從訊息佇列中取得資料，並把動態訊息資料儲存到動態訊息快取中。你可以把動態訊息快取想成是一個保存著 <post_id, user_id> 這種對應關係的表格。每當發佈新貼文時，相應的訊息就會被附加到動態訊息表格中，如圖 11-6 所示。如果我們把整個使用者與貼文物件全都保存到快取中，記憶體的消耗可能會非常大。因此，這裡只會儲存相應的 ID。為了讓記憶體保持在比較小的消耗量，我們還設下了一個限制量（這個限制量可另外進行配置）。實際上，使用者在動態訊息中以滾動方式瀏覽成千上萬條貼文，這樣的機率是很低的。大多數使用者只對最新內容感興趣，因此就算快取的資料量有限，未命中率還是很低的。

5. 把 <post_id, user_id> 儲存到動態訊息快取中。圖 11-6 顯示的就是動態訊息保存在快取中的範例。

post_id	user_id
post_id	user_id
post_id	user_id
post_id	user_id
post_id	user_id
post_id	user_id
post_id	user_id
post_id	user_id

圖 11-6

「動態訊息檢索」深入探討

圖 11-7 說明的就是動態訊息檢索的詳細設計。

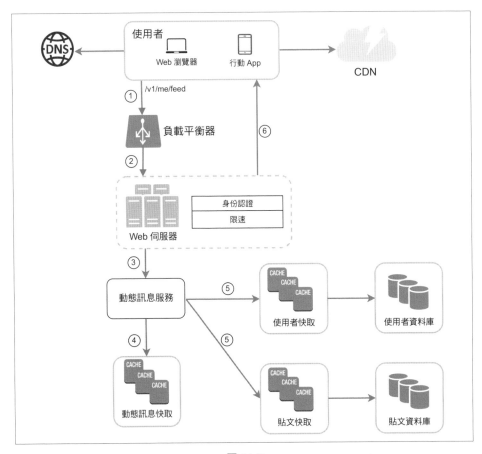

圖 11-7

如圖 11-7 所示,媒體內容(圖片、影片等等)會被儲存在 CDN,以便進行快速檢索。我們就來看看客戶端如何檢索動態訊息。

1. 使用者發送請求以檢索其動態訊息。這個請求看起來應該就像這樣:*/v1/me/feed*

2. 負載平衡器會把請求重新分配到 Web 伺服器。

3. Web 伺服器調用動態訊息服務，以取得動態訊息。

4. 動態訊息服務從動態訊息快取中取得一堆貼文 ID。

5. 使用者的動態訊息並不只是一大堆個人動態 ID。它還要包含使用者名稱、個人檔案圖片、貼文內容、貼文圖片等等。因此，動態訊息服務會從快取（使用者快取與貼文快取）取得完整的使用者與貼文物件，以構建出完整的動態訊息。

6. 完整的動態訊息會以 JSON 格式送回給客戶端，以進行渲染呈現。

快取架構

對於動態訊息系統來說，快取極為重要。我們把快取層分為 5 層，如圖 11-8 所示。

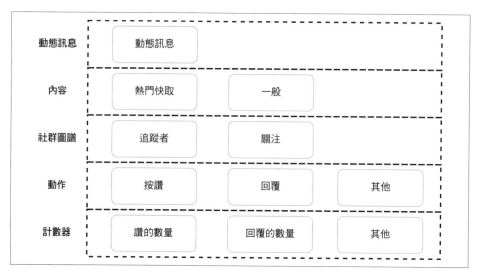

圖 11-8

- **動態訊息**：負責儲存動態訊息的 ID。

- **內容**：負責儲存每則貼文的資料。最受歡迎的內容會被儲存在熱門快取（hot cache）。

- **社群圖譜（Social Graph）**：負責儲存使用者關係資料。

- **動作**：負責儲存一些關於使用者有沒有對貼文按讚、回覆貼文、或是對貼文採取其他動作等等這類的訊息。
- **計數器**：負責儲存讚、回覆、追蹤者、關注等等的計數值。

第四步驟——匯整總結

我們在本章設計了一個動態訊息系統。我們的設計包含兩種流程：發佈個人動態與動態訊息檢索。

就像任何系統設計面試問題一樣，系統的設計並不存在完美的做法。每家公司都有其獨特的約束條件，因此你必須設計出一個能夠符合相應約束條件的系統。瞭解設計與技術選擇之間的權衡取捨關係，是很重要的一件事。如果還有幾分鐘的時間，你可以試著討論一些可擴展性的問題。為避免重複的討論，下面只列出一些高階的對談要點。

擴展資料庫：

- 垂直擴展與水平擴展
- SQL vs. NoSQL
- master / slave 複製機制
- 讀取副本
- 一致性模型
- 資料庫分片

其他對談要點：

- 讓 web 層保持無狀態（stateless）
- 盡可能多快取（cache）常用資料
- 支援多個資料中心
- 用訊息佇列降低各個構成元素的耦合程度

- 監控一些關鍵指標。舉例來說，高峰時段的 QPS（每秒查詢數量）
  與使用者刷新動態訊息時的延遲時間，就是很有趣的監控指標。

恭喜你跟我們走到了這裡！現在你可以拍拍自己的肩膀。你真是太棒了！

參考資料

[1]　How News Feed Works（動態訊息的運作原理）：
https://www.facebook.com/help/327131014036297/

[2]　Friend of Friend recommendations Neo4j and SQL Sever（朋友的朋友推薦 Neo4j 與
SQL 伺服器）：
http://geekswithblogs.net/brendonpage/archive/2015/10/26/friend-of-friend-
recommendations-with-neo4j.aspx

設計聊天系統

我們打算在本章探討聊天系統的設計。幾乎每個人都會使用聊天 App。圖 12-1 顯示的就是市面上最受歡迎的一些聊天 App。

圖 12-1

聊天 app 針對不同的使用者，各自呈現出許多不同的功能。一開始先把確切的設計要求搞清楚，是非常重要的事。舉例來說，如果面試官要的是一對一聊天，你就不要把系統的設計重點放在群組聊天上。搞清楚所要求的功能，真的很重要。

第一步驟——瞭解問題並確立設計的範圍

針對所要設計的聊天 App，先在類型選擇上取得一致的共識，可說是極為重要的一步。市面上有一對一的聊天 App（例如 Facebook Messenger、微信與 WhatsApp），也有專注於群組聊天的辦公室聊天 App（例如 Slack），或是像 Discord 這種專注於大型群組互動、低延遲語音聊天的遊戲聊天 App。

第一組需要釐清的問題，就是在面試官要求你設計出聊天系統時，務必先確認她心中真正的想法。至少一定要弄清楚的是，你是否應該專注於一對一聊天，還是要設計出能進行群組聊天的 App。你可以詢問一些問題如下：

應試者：我們應該設計出哪種類型的聊天 App？一對一還是群組聊天？

面試官：應該要同時支援一對一與群組聊天功能。

應試者：這是一個行動 App 嗎？還是一個 Web 應用程式？抑或是兩種都要做？

面試官：兩種都要做囉！

應試者：這個 App 所要處理的使用者規模有多大？只是一個新創的 App，還是要處理大規模使用者的需求？

面試官：它應該要能夠支援每日 5,000 萬名活躍使用者（DAU）。

應試者：群組聊天裡的成員數量有什麼限制？

面試官：最多 100 人。

應試者：聊天 App 最重要的是哪些功能？需要支援檔案附件嗎？

面試官：最重要的是一對一聊天、群組聊天，還有顯示連線狀態的功能。系統只需要支援文字訊息即可。

應試者：訊息量的大小有沒有限制？

面試官：有，文字的長度必須少於 100,000 個字元。

應試者：是否需要端到端（end-to-end）加密？

面試官：暫時不需要，但如果時間允許，我們可以再討論。

應試者：我們會把聊天記錄保存多久的時間？

面試官：永遠。

本章會把焦點放在如何設計出像是 Facebook Messenger 這類的聊天應用，其中重點在於以下幾個功能：

- 傳送低延遲的一對一聊天

- 小型群組聊天（最多 100 人）

- 連線狀態

- 支援多種設備。同一個使用者可同時在多部設備中登入帳號。

- 推送通知

在設計規模方面，事先達成一致的共識也很重要。我們會設計出一個可支援 5,000 萬 DAU（每日活躍使用者）的系統。

第二步驟──提出高階設計並取得認可

如果要開發出高品質的設計，我們就應該對客戶端與伺服器之間的通訊方式有一些基本的瞭解。在聊天系統中，客戶端有可能是行動 App 或 Web 應用程式。客戶端之間並不會直接進行溝通。取而代之的是，每個客戶端都會連到某個聊天服務，以支援前面所提到的全部功能。我們會先專注於一些基本的操作。這個聊天服務必須支援以下功能：

- 可接收來自其他客戶端的訊息。

- 針對每一則訊息，找出相應的接收者，然後再把訊息轉發給她。

- 如果接收者不在線上，就請伺服器先保留這個接收者的訊息，直到她上線為止。

圖 12-2 顯示的就是客戶端（包括發送者與接收者）與聊天（Chat）服務之間的關係。

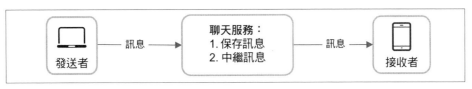

圖 12-2

如果客戶端打算開始聊天，它就會用一種或多種網路協定，與聊天服務進行連接。對於聊天服務來說，網路協定的選擇很重要。我們可以先和面試官討論一下。

採用客戶端 / 伺服器架構的應用程式，大多都是由客戶端發起請求。聊天應用程式的訊息發送者也是如此。在圖 12-2 中，訊息發送者透過聊天服務向接收者發送訊息時，使用的是 HTTP 這個久經考驗的通訊協定，這也是最常見的一種網路協定。在這樣的情況下，客戶端會開啟它與聊天服務的 HTTP 連接並發送出訊息，告訴伺服端要把訊息發送給某個接收者。在這樣的情況下持續保持連接（keep-alive）是比較有效率的做法，因為這樣就可以讓客戶端與聊天服務之間維持著一個持久型的連接。這樣也可以減少 TCP 交握的次數。對於發送者這邊來說，HTTP 是個不錯的選擇，許多很受歡迎的聊天應用程式（例如 Facebook [1]）一開始就是用 HTTP 來發送訊息。

不過，接收者這邊就比較複雜一點了。HTTP 通常是由客戶端所發起，如果要從伺服器這端發送訊息，可就沒有這麼簡單了。多年來，有許多技術被用來模擬這種由伺服器啟動的連接，其中包括：輪詢（polling）、長輪詢（long polling）以及 WebSocket。這些都是在系統設計面試中經常廣泛被運用的重要技術，我們就來一一進行檢視吧。

輪詢

如圖 12-3 所示，輪詢（Polling）就是客戶端定期詢問伺服器是否有訊息可取得的一種技術。輪詢的做法有可能需要付出很高的代價，主要取決於輪詢的頻率。這種做法可能會大量消耗寶貴的伺服器資源，只為了回答大多數情況下沒有答案的問題。

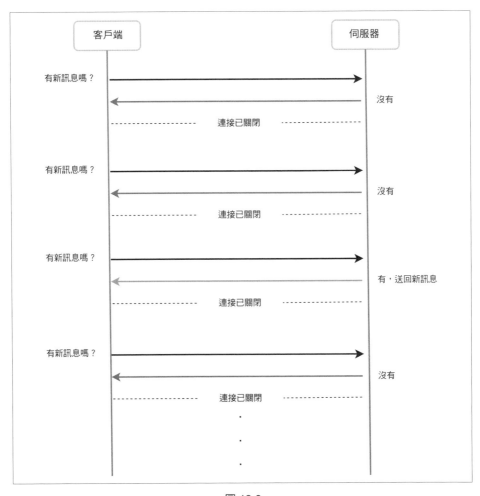

圖 12-3

長輪詢

由於輪詢的做法很沒效率，因此下一種做法就是長輪詢（long polling，圖 12-4）。

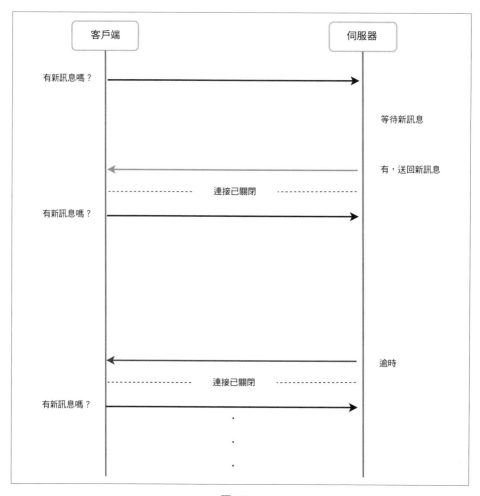

圖 12-4

在長輪詢的做法中，客戶端會一直保持連接開啟的狀態，一直到真的有新訊息可用、或是超過時間限制的門檻值為止。客戶端收到新的訊息之後，就會立刻向伺服器發送另一個請求，以重新啟動整個程序。長輪詢的做法有一些缺點：

- 訊息的發送者與接收者有可能並不是連接到同一個聊天伺服器。HTTP 伺服器通常是無狀態的。如果採用的是輪詢搭配負載平衡的做法，接收到訊息的伺服器與想要接收訊息的客戶端之間，有可能並不存在長輪詢連接。

- 伺服器若想要判斷客戶端是否已斷線，並沒有恰當的做法。

- 這依然是一種沒有效率的做法。就算使用者並不經常聊天，但長輪詢在超過時間限制之後，還是會定期做出連接的動作。

WebSocket

如果要從伺服器向客戶端發送非同步更新，WebSocket 就是最常見的一種解決方案。圖 12-5 顯示的就是相應的工作原理。

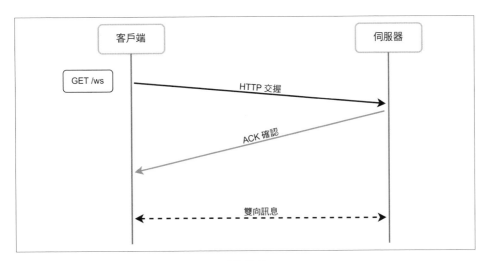

圖 12-5

WebSocket 的連接是由客戶端所發起的。它是雙向的連接，而且是持久型的連接。它會從 HTTP 連接開始，然後再透過一些明確定義的交握過程，「升級」到 WebSocket 連接。伺服器可以透過這種持久型的連接方式，把最新的訊息發送給客戶端。即使有安裝防火牆，WebSocket 連接通常還是可以正常運作。因為它使用的是 80 或 443 這兩個通訊埠，也就是 HTTP / HTTPS 連接所使用的通訊埠。

之前我們曾說過，在發送者這邊，HTTP 是很好用的一種通訊協定；既然
WebSocket 是雙向的，那實在沒什麼技術上的理由，不讓接收者也使用相
同的通訊協定。圖 12-6 顯示的就是 WebSockets（ws）同時用於發送方與
接收方的情況。

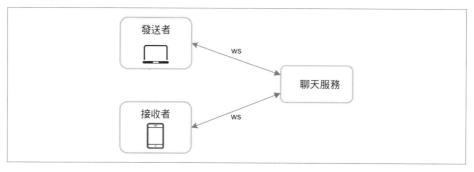

圖 12-6

同時把 WebSocket 用於發送與接收，可以簡化設計，讓客戶端與伺服器的
實作更加簡單。由於 WebSocket 是持久型的連接方式，因此有效率的連接
管理對於伺服端來說至關重要。

高階設計

剛才我們曾提到，可以選擇 WebSocket 做為客戶端與伺服器之間雙向溝通
的主要溝通協定，不過需要注意的是，並非所有其他東西都一定要採用
WebSocket。實際上，聊天應用程式大多數的功能（註冊、登入、查詢使
用者個人檔案等等）還是可以透過 HTTP，使用傳統的請求 / 回應方法。
以下就讓我們深入鑽研一下系統的各個高階構成元素。

如圖 12-7 所示，聊天系統可分為三大類：無狀態服務，有狀態服務、第
三方整合。

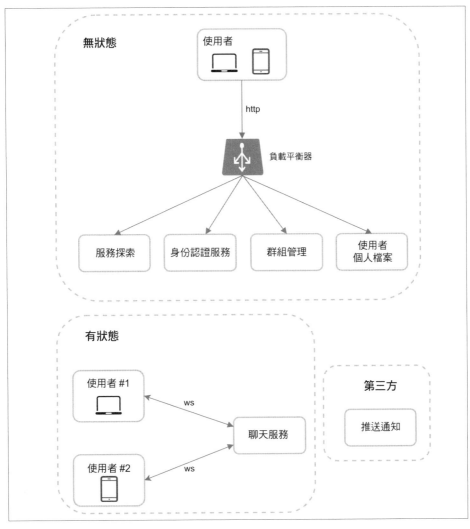

圖 12-7

無狀態服務

無狀態服務是傳統面向公眾的請求 / 回應服務，可用來管理登入、註冊、查詢使用者個人檔案等等。這些都是許多網站與 App 中常見的功能。

無狀態服務可放在負載平衡器的後面，負載平衡器的工作就是根據請求的路徑，把請求轉送到正確的服務中。這些服務有可能是一個單體式應用（monolithic），也有可能是一個微服務（microservice）。我們並不需要自行構建許多無狀態服務，因為市面上有許多可輕鬆進行整合的服務。我們會在隨後「深入設計」的小節中，進一步探討一個叫做服務探索（service discovery）的服務。它主要的工作就是為客戶端提供一個聊天伺服器的 DNS 主機名稱列表，讓客戶端可以連接到聊天伺服器。

有狀態服務

這裡唯一的有狀態服務就是聊天服務。這個服務是有狀態的，因為每個客戶端都會與聊天伺服器維持一個持久型的網路連接。在這個服務中，只要伺服器沒有問題，通常就不會切換到另一個聊天伺服器。服務探索通常會與聊天服務緊密配合，以避免伺服器超載的問題。我們隨後就會深入探討。

第三方整合

對於聊天 App 來說，推送通知是最重要的第三方整合功能。這是在新訊息到達時通知使用者的一種方式，而且就算使用者並未執行該 App，還是可以收到通知。聊天服務與推送通知的整合真的很重要。更多相關的訊息，請參見「第 10 章：設計通知系統」。

可擴展性

在規模比較小的時候，之前所列的所有服務全都可以放在同一部伺服器中。就算是我們目前所設計的規模，理論上也可以讓所有使用者連接到同一部現代的雲端伺服器中。伺服器可處理的並行連接數量，幾乎就是主要的限制因素。假設每個使用者連接到伺服器需要佔用 10K 的記憶體（這是個很粗糙的數字，而且與所選擇的語言很有關係），在 100 萬個使用者同時上線的情況下，只需要 10GB 的記憶體，就可以把所有連接放在同一部機器之中。

但我們所提出的設計，如果只是把所有內容全都放在同一部伺服器，面試官的腦海中很可能就會響起紅色警報。應該不會有技術人員敢把這種規模的設計放在單一部伺服器吧！單一伺服器的設計很容易出問題，理由其實還蠻多的。單點故障的疑慮，就是其中最大的一個問題。

不過，一開始先從單一伺服器著手進行設計，是非常好的做法。只要你確定面試官知道，這只是一個起點就可以了。把我們前面所提到的所有東西整合起來之後，圖 12-8 顯示的就是調整過的高階設計結果。

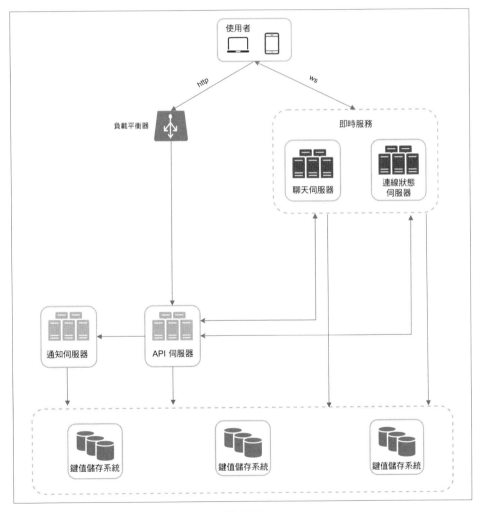

圖 12-8

在圖 12-8 中，客戶端與聊天伺服器維持著一個持久型的 WebSocket 連接，以進行即時的訊息傳遞。

- 聊天伺服器可協助完成訊息的發送與接收。

- 連線狀態（presence）伺服器負責管理連線 / 離線狀態。

- API 伺服器處理的工作包括使用者登入、註冊、更改個人檔案等等。

- 通知伺服器負責發送推送通知。

- 最後，我們採用鍵值儲存系統來儲存聊天記錄。原本離線的使用者上線之後，就可以看到她之前所有的聊天記錄。

儲存系統

到這裡為止，我們已經準備好伺服器，服務已經上線執行，而且也完成了第三方整合。接下來要深入探討的是資料層的相關技術。資料層通常需要花一些功夫，才能把事情做對。我們所要做出的重要決策，就是正確判斷所要使用的資料庫類型：應該使用關聯式資料庫，還是 NoSQL 資料庫？為了做出明智的決定，我們打算檢查一下資料的類型與讀 / 寫的模式。

在典型的聊天系統中，存在兩種類型的資料。第一種是通用型資料，例如使用者個人檔案、設定、使用者朋友列表。這些資料可以儲存在穩固而可靠的關聯式資料庫中。以這方面來說，複寫機制（replication）與分片（sharding）都是常見的技術，可用來滿足可用性與可擴展性的要求。

第二種類型的資料，就是聊天系統所特有的聊天歷史資料。關於這類的資料，首先最重要的就是瞭解其相應的讀 / 寫模式。

- 聊天系統的資料量非常龐大。根據先前的一項研究 [2] 顯示，Facebook Messenger 與 Whatsapp 每天都需要處理 600 億則訊息。

- 通常只有最近的聊天內容，會比較頻繁被存取。使用者通常不會去查找舊的聊天內容。

- 雖然在大多數情況下,人們只會查看最近的聊天記錄,但使用者還是有可能針對資料進行隨機存取(例如搜尋、查看你所提及的內容、跳轉到特定訊息等等)。資料存取層應該要有能力支援所有這些使用狀況才對。

- 一對一聊天 App 的讀寫比率大約為 1:1。

選擇一種可支援所有使用狀況的正確儲存系統,是一件很重要的事。我們建議採用鍵值儲存系統,原因如下:

- 鍵值儲存系統可輕鬆實現水平擴展。

- 鍵值儲存系統在存取資料時可提供非常低延遲的表現。

- 關聯式資料庫無法好好處理長尾型的資料 [3]。當索引越來越大,隨機存取的效能就會變得越來越差。

- 許多已被證明相當可靠的聊天應用程式,都是採用鍵值儲存系統。舉例來說,Facebook Messenger 與 Discord 都是採用鍵值儲存系統。Facebook Messenger 使用的是 HBase [4],Discord 使用的則是 Cassandra [5]。

資料模型

剛才提到我們會採用鍵值儲存系統來做為資料儲存層。這個系統中最重要的資料,就是訊息資料。我們就來仔細探究一下。

一對一聊天的訊息資料表

圖 12-9 顯示的就是一對一聊天的訊息資料表。其中的主鍵就是 *message_id*,它有助於判斷訊息的順序。我們並不能靠 *created_at* 來判斷訊息的順序,因為兩個訊息有可能是同時建立的。

圖 12-9

群組聊天的訊息資料表

圖 12-10 顯示的是群組聊天的訊息資料表。所採用的複合主鍵為（*channel_id*，*message_id*）。這裡的頻道（channel）與群組（group）代表的是相同的含義。*channel_id* 可做為分區鍵（partition key），因為群組聊天中所有的查詢都是在頻道內進行操作。

圖 12-10

訊息 ID

message_id 的生成方式，是一個值得研究的有趣話題。Message_id 負責確保訊息的順序。為了能夠確定訊息的順序，message_id 必須滿足以下兩個要求：

- ID 必須是唯一而不重複的。

- ID 應該可以按照時間排序，這也就表示，新的訊息 ID 數值一定比舊的訊息 ID 高。

這兩個要求該如何實現呢？我們首先想到的是 MySql 中的「*auto_increment*」關鍵字。不過，NoSQL 資料庫通常並不提供這樣的功能。

第二種做法就是使用像 Snowflake（雪片）[6] 這種全局型（global）的 64 位元序列數值生成器。我們在「第 7 章：設計可用於分散式系統的唯一 ID 生成器」就曾討論過這個主題。

最後一種做法是採用局部型序列數值生成器。局部型（local）的意思就是，只能在群組內保證 ID 是唯一而不重複的。局部型 ID 之所以能夠正常運作的理由是，我們只需要在一對一頻道或群組頻道內，維護好訊息的序列順序也就足夠了。相較於全局型 ID 的實作方式，這個做法更容易進行實作。

第三步驟——深入設計

在系統設計面試的過程中，一般都會期待你可以更進一步探討高階設計其中的某些構成元素。以聊天系統來說，服務探索、訊息流向、連線 / 離線狀態指示器都是相當值得深入研究的主題。

服務探索

服務探索（service discovery）主要的作用，就是根據地理位置、伺服器容量等條件，為客戶推薦最佳的聊天伺服器。Apache Zookeeper [7] 就是在「服務探索」這方面很受歡迎的一個開放程式碼解決方案。它會把所有可使用的聊天伺服器註冊起來，然後根據預先定義好的標準，為客戶端選擇最佳的聊天伺服器。

圖 12-11 顯示的就是服務探索（Zookeeper）的運作原理。

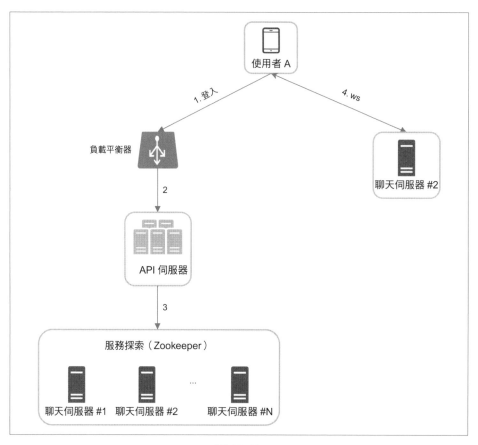

圖 12-11

1. 使用者 A 嘗試登入到 App。

2. 負載平衡器把登入請求發送到 API 伺服器。

3. 後端對使用者進行身份驗證之後，服務探索就會幫使用者 A 找出最佳的聊天伺服器。這裡的範例選擇了伺服器 #2，然後伺服器的資訊就會被送回去給使用者 A。

4. 使用者 A 透過 WebSocket 連接到聊天伺服器 #2。

訊息流向

從端到端的角度瞭解整個聊天系統的流程,其實是很有趣的一件事。我們打算在本節探討一對一聊天的流程、跨越多個設備的訊息同步做法,以及群組聊天的流程。

一對一聊天的流程

圖 12-12 說明的就是使用者 A 向使用者 B 發送訊息時所發生的情況。

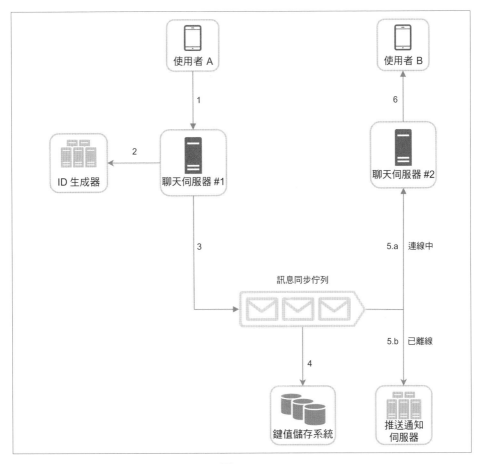

圖 12-12

1. 使用者 A 向聊天伺服器 #1 發送聊天訊息。

2. 聊天伺服器 #1 從 ID 生成器取得訊息 ID。

3. 聊天伺服器 #1 把訊息發送到訊息同步佇列。

4. 這個訊息會被儲存到鍵值儲存系統中。

5. a. 如果使用者 B 正在連線中，訊息就會被轉發到使用者 B 所連接的聊天伺服器 #2。

   b. 如果使用者 B 目前已離線，就會從推送通知伺服器發送出一個推送通知。

6. 聊天伺服器 #2 會把訊息轉發給使用者 B。因為使用者 B 與聊天伺服器 #2 之間，存在著一個持久型的 WebSocket 連接。

跨越多個設備的訊息同步做法

許多使用者身邊都有好幾個設備。我們打算說明一下，如何在多個設備中同步訊息。圖 12-13 顯示的就是訊息同步的範例。

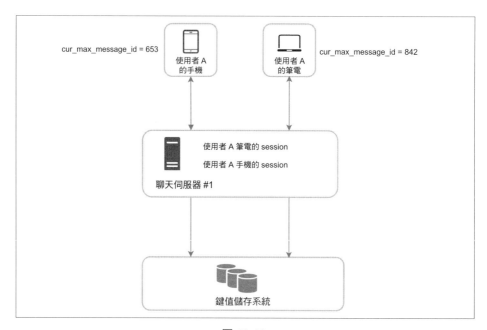

圖 12-13

在圖 12-13 中，使用者 A 有兩個設備：一支手機與一部筆記型電腦。使用者 A 用手機登入聊天 App，就會與聊天伺服器 #1 建立一個 WebSocket 連接。同樣的，筆記型電腦也連接到了聊天伺服器 #1。

每個設備都會各自維護著一個名為 *cur_max_message_id* 的變數，可用來追蹤設備中的最新訊息 ID。只要是滿足以下兩個條件的訊息，就會被相應設備視為新訊息：

- 訊息的接收者 ID，等於其登入使用者 ID。

- 鍵值儲存系統中的訊息 ID，大於其 *cur_max_message_id* 的值。

每個設備各自使用不同的 *cur_max_message_id*，如此一來訊息同步就會變得很簡單，因為這樣每個設備都可以從鍵值儲存系統中，各自取得最新的訊息。

小型群組聊天的流程

相較於一對一聊天，群組聊天的邏輯更加複雜。圖 12-14 與 12-15 說明的就是相應的流程。

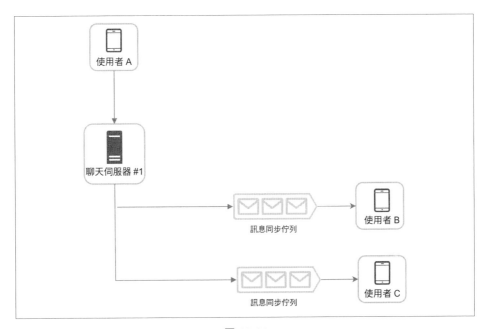

圖 12-14

圖 12-14 說明的就是使用者 A 在群組聊天中發送訊息時所發生的情況。假設這個群組裡有 3 個成員（使用者 A、B、C）。首先，來自使用者 A 的訊息會被複製到每個群組成員的訊息同步佇列中：第一個給使用者 B，第二個給使用者 C。你可以把訊息同步佇列想成是接收者的一個收件匣。這個設計做法很適合小型群組聊天，因為：

- 它簡化了訊息同步的流程，因為每個客戶端只需要檢查自己的收件匣，就可以取得新訊息。

- 群組人數比較少的情況下，把訊息副本儲存在每個接收者的收件匣，並不會造成太昂貴的代價。

微信（WeChat）就是採用類似的做法，然後把小型群組限制在 500 名成員以內 [8]。不過，對於使用者很多的群組來說，每個成員都要各自儲存一份訊息副本，這就不一定是可接受的做法了。

如果從接收者的角度來看，每個接收者應該都可以接收來自其他很多個使用者的訊息。每個接收者都有一個收件匣（訊息同步佇列），裡頭包含來自許多不同發送者的訊息。圖 12-15 說明的就是此設計。

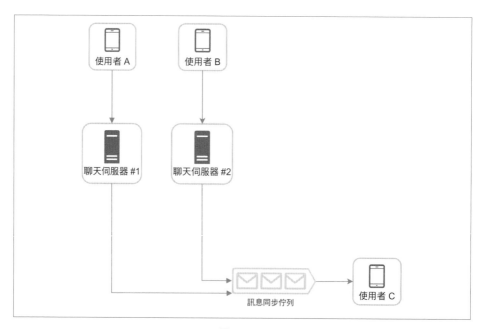

圖 12-15

連線狀態

連線狀態指示器是許多聊天應用的基本功能。如果你在其他使用者的個人圖片或使用者名稱旁邊，看到一個綠點之類的東西，那通常就代表該使用者的連線狀態。本節說明的就是其背後的工作原理。

在高階設計中，連線狀態伺服器（presence server）負責管理連線狀態，並透過 WebSocket 與客戶端進行通訊。有好幾種不同的流程，會觸發連線狀態的改變。我們就來一一進行檢視。

使用者登入

使用者登入流程已在「服務探索」一節做過說明。客戶端與服務之間建立 WebSocket 連接之後，使用者 A 的連線狀態與 *last_active_at* 時間戳就會被保存到鍵值儲存系統中。連線狀態指示器也會在使用者登入之後，顯示她已連線（online）。

圖 12-16

使用者登出

使用者登出時，就會執行完整的使用者登出流程，如圖 12-17 所示。在鍵值儲存系統中，連線狀態會改為已離線（offline）。連線狀態指示器則會顯示使用者處於已離線狀態。

圖 12-17

使用者斷線

我們每個人都希望網際網路的連接既穩定又可靠。但情況並非總是如此，因此我們一定要在設計上解決這個問題。如果使用者斷開與網路的連線，客戶端就會失去與伺服器之間的持久型連接。使用者斷線後其中一種簡單的處理方式，就是把使用者標記為已離線（offline），並在重新連線之後，再把狀態改回已連線（online）。不過，這種做法有個重大的缺陷。有些使用者經常會在短時間內頻繁斷線並重新連線到網際網路。舉例來說，如果使用者是透過隧道（tunnel）來進行連線，網路連線就有可能隨時開開關關。如果每次斷線／重新連線都要修改連線狀態，這樣就會讓連線狀態指示器的變動太過頻繁，從而導致不良的使用者體驗。

因此，我們引入了一種心跳（heartbeat）機制，來解決這個問題。已連線的客戶端會定期把心跳事件發送到連線狀態伺服器。如果連線狀態伺服器在一定時間內（例如 x 秒鐘）可以從客戶端收到心跳事件，該使用者就會被視為已連線。否則的話，就會判定為已離線。

在圖 12-18 中，客戶端每 5 秒會向伺服器發送一次心跳事件。發送 3 次心跳事件之後，客戶端就斷線了，而且在 x = 30 秒之內都沒有再重新連線（30 這個數字是隨意選擇的，目的只是為了示範此邏輯）。如此一來，連線狀態就會被改為已離線。

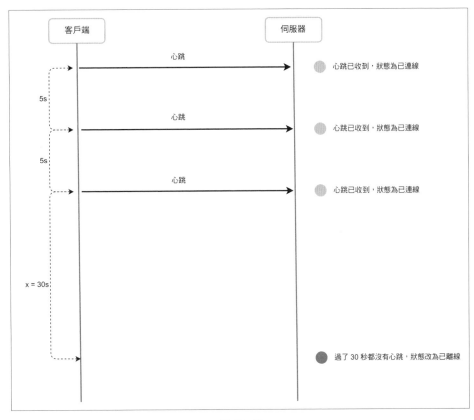

圖 12-18

連線狀態扇出

使用者 A 的朋友怎麼知道她的連線狀態改變了呢？圖 12-19 解釋了其中的運作方式。連線狀態伺服器會採用一種「發佈 / 訂閱」模型，在模型中每兩個朋友之間都會共同維護著一個頻道（channel）。當使用者 A 的連線狀態改變時，它就會把事件發佈到三個頻道，也就是 A-B、A-C、A-D 這三個頻道。這三個頻道分別是使用者 B、C、D 所訂閱的頻道。因此，這些朋友們很容易就可以取得最新的連線狀態。客戶端與伺服器之間，都是透過即時的 WebSocket 來進行溝通。

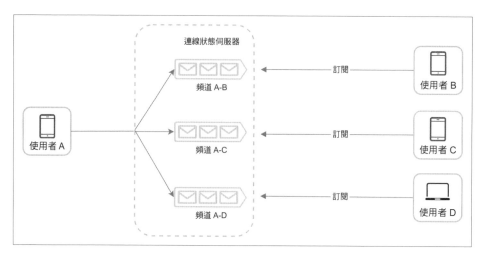

圖 12-19

以上設計對於小型的使用者群組來說很有效率。舉例來說，微信就採用類似的做法，因為它的使用者群組上限為 500 人。但如果是比較大的群組，把連線狀態一一通知所有成員的做法，其代價十分昂貴又耗時。假設某個群組有 100,000 個成員。每次只要有人的連線狀態改變，就會生成 100,000 個事件。如果想解決這種效能上的瓶頸，其中一種可能的解決方法是，唯有在使用者進入群組或以人工方式刷新好友列表時，才去取得連線狀態的資訊。

第四步驟──匯整總結

我們在本章介紹了一種可支援一對一聊天與小型群組聊天的聊天系統架構。WebSocket 則被用於客戶端與伺服器之間的即時溝通。這個聊天系統包含以下幾個元素：可即時收發訊息的聊天伺服器、可管理連線狀態的連線狀態伺服器、可發出推送通知的推送通知伺服器、可持續保存聊天記錄的鍵值儲存系統，以及一些其他功能的 API 伺服器。

如果你在面試結束之前還有多餘的時間，可以再聊聊下面幾個額外的主題：

- **對這個聊天 App 進行擴展，以支援照片、影片等媒體檔案**：媒體檔案的大小明顯比文字大很多。壓縮、雲端儲存系統與縮略圖等做法，應該都是一些很有趣的主題。

- **端到端加密**：WhatsApp 支援訊息的端到端加密。只有發送者與接收者可以讀取訊息。有興趣的讀者可參見參考資料裡的文章 [9]。

- **在客戶端對某些訊息進行快取**：可有效減少客戶端與伺服器之間的資料傳輸。

- **縮短載入時間**：Slack 建立了一整組在地理上盡可能分散的網路，可用來快取使用者的資料、頻道等等，希望藉此縮短載入時間 [10]。

- **錯誤處理**：

  - **聊天伺服器錯誤**：連接到聊天伺服器的連接數量，有可能超過好幾十萬、甚至更多。如果某個聊天伺服器離線，服務探索（Zookeeper）應該可以為客戶端提供新的聊天伺服器，以建立新的連接。

  - **訊息重發機制**：在佇列中重新排隊與重試，是重新發送訊息的常用技術。

恭喜你跟我們走到了這裡！現在你可以拍拍自己的肩膀。你真是太棒了！

參考資料

[1]　Erlang at Facebook（Facebook 的 Erlang）：
https://www.erlang-factory.com/upload/presentations/31/EugeneLetuchy-ErlangatFacebook.pdf

[2]　Messenger and WhatsApp process 60 billion messages a day（Messenger 與 WhatsApp 一天要處理 600 億則訊息）：
https://www.theverge.com/2016/4/12/11415198/facebook-messenger-whatsapp-number-messages-vs-sms-f8-2016

[3]　Long tail（長尾）：https://en.wikipedia.org/wiki/Long_tail

[4]　The Underlying Technology of Messages（訊息相關技術）：
https://www.facebook.com/notes/facebook-engineering/the-underlying-technology-of-messages/454991608919/

[5]　How Discord Stores Billions of Messages（Discord 如何保存好幾十億則的訊息）：
https://blog.discordapp.com/how-discord-stores-billions-of-messages-7fa6ec7ee4c7

[6]　Announcing Snowflake（發表雪片做法）：
https://blog.twitter.com/engineering/en_us/a/2010/announcing-snowflake.html

[7]　Apache ZooKeeper: https://zookeeper.apache.org/

[8]　From nothing: the evolution of WeChat background system （從無到有：微信後台系統的演進之路；這是一篇中文的文章）：
https://www.infoq.cn/article/the-road-of-the-growth-weixin-background

[9]　End-to-end encryption（端到端加密）：https://faq.whatsapp.com/en/android/28030015/

[10] Flannel: An Application-Level Edge Cache to Make Slack Scale（Flannel：讓 Slack 可擴展規模的應用層邊緣快取）：
https://slack.engineering/flannel-an-application-level-edge-cache-to-make-slack-scale-b8a6400e2f6b

設計搜尋文字自動補全系統

在 Google 進行搜尋，或是在亞馬遜購物時，只要在搜尋框輸入部分文字，系統就會自動根據所輸入的文字，列出一組或多組完整的建議文字。這個功能可稱之為自動補全文字（autocomplete）、提前輸入（typeahead）、隨打搜尋（search-as-you-type）或漸增搜尋（incremental search）。圖 13-1 是 Google 搜尋的一個例子，其中顯示的就是在搜尋框中輸入「dinner」（晚餐）時，自動補全文字功能所列出的建議列表。搜尋文字自動補全功能在許多產品中都是很重要的功能。因此就有了下面這個面試題目：設計出一個搜尋文字自動補全系統，以即時的方式找出所謂「最常被搜尋的前 k 個查詢結果」。

圖 13-1

第一步驟——瞭解問題並確立設計的範圍

解決任何系統設計面試問題的第一步，就是要先提出充分的問題，以釐清設計的需求。這裡有一些應試者與面試官互動的例子：

應試者：只需要比對查詢文字的開頭，還是也要比對中間的文字？
面試官：只需要比對查詢文字的開頭。

應試者：系統應該送回幾組自動補全文字的建議？
面試官：5 組。

應試者：系統怎麼知道該送回哪 5 組建議文字？
面試官：可以用受歡迎的程度來判斷，用歷史查詢頻率來決定。

應試者：系統是否需要支援拼寫檢查？
面試官：不用，不需要支援拼寫檢查或自動修正文字的功能。

應試者：查詢文字是否為英文？
面試官：是的。如果最後時間允許，我們也可以討論一下多語言的支援。

應試者：可接受大寫字母與特殊字元嗎？
面試官：不，我們可以假設所有查詢文字均使用小寫字母字元。

應試者：會有多少使用者使用這個產品？
面試官：1,000 萬 DAU（每日活躍使用者）。

需求

以下就是設計要求的摘要：

- **快速的回應時間**：使用者輸入所要搜尋的文字時，自動補全的建議文字必須以足夠快的速度顯示出來。在一篇關於 Facebook 自動補全系統的文章 [1] 裡曾提到，系統需要在 100 毫秒內送回結果。否則就會讓人有一種結結巴巴的感覺。

- **相關性**：自動補全的建議文字，應該與所搜尋的文字有所相關。

- **有一定的排列順序**：系統送回來的結果，必須按照受歡迎的程度，或是按照其他順序來排列。

- **可擴展性**：系統要有能力處理高流量。

- **高可用性**：如果系統其中一部分離線、速度變慢或遇到意外的網路錯誤，整個系統還是應該維持可用、可存取的狀態。

粗略的估算

- 假設每天有 1,000 萬名活躍使用者（DAU）。

- 每個人平均每天執行 10 次搜尋。

- 每組查詢字串平均包含 20 Byte（位元組）的資料：
  - 假設使用的是 ASCII 字元編碼。1 個字元 = 1 個位元組（Byte）
  - 假設每次查詢平均包含 4 個單詞，每個單詞平均包含 5 個字元。
  - 因此，每次查詢平均會有 4 x 5 = 20 Byte（位元組）的資料。

- 在搜尋框輸入每一個字元時，客戶端都會向後端發送一個請求，以取得自動補全的建議。平均來說，每次輸入查詢文字都會發送出 20 次請求。舉例來說，當你輸入完「dinner」（晚餐）之後，其實就已經把下面 6 個請求發送到後端了。

```
search?q=d
search?q=di
search?q=din
search?q=dinn
search?q=dinne
search?q=dinner
```

- 每秒約有 24,000 次查詢（QPS）= 10,000,000 使用者 * 每天 10 次查詢 * 20 個字元 / 24 小時 / 3600 秒。

- 峰值 QPS = QPS * 2 = ～ 48,000

- 假設每天的查詢其中有 20% 是新的查詢文字。1,000 萬 * 每天 10 次查詢 * 每次查詢 20 Byte * 20％ = 0.4 GB。這也就表示每天都會有 0.4GB 的新資料被添加到儲存系統中。

第二步驟——提出高階設計並取得認可

從比較高階的角度來看，這個系統可分成兩個部分：

- **資料收集（data gathering）服務**：負責收集使用者所輸入的查詢，並以即時的方式進行整合。對於大型資料集而言，即時處理的做法並不切實際。不過，這仍舊是一個很好的起始點。我們會在稍後深入設計的內容中，探索一些更實際的解決方案。

- **查詢（query）服務**：只要給出想查詢的文字或前綴文字，就送回 5 組最常被搜尋的查詢文字。

資料收集服務

我們就用一個簡化的範例，檢視一下資料收集服務的運作原理。假設我們有一個頻率表，存放著各種查詢字串與其相應的頻率，如圖 13-2 所示。一開始，這個頻率表是空的。隨後使用者陸續輸入「twitch」、「twitter」、「twitter」與「twillo」這幾個查詢文字。圖 13-2 顯示的就是頻率表隨之變動的情況。

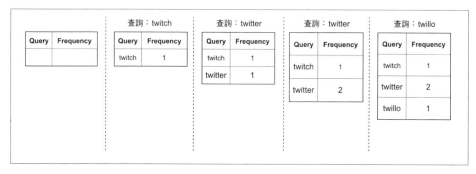

圖 13-2

查詢服務

假設我們已經有一個如表 13-1 所示的頻率表。這個表格有兩個欄位。

- Query（查詢文字）：用來儲存查詢字串。

- Frequency（頻率）：代表查詢文字被搜尋的次數。

表 13-1

Query（查詢文字）	Frequency（頻率）
twitter	35
twitch	29
twilight	25
twin peak	21
twitch prime	18
twitter search	14
twillo	10
twin peak sf	8

當使用者在搜尋框輸入「tw」時，假設我們是以表 13-1 這個頻率表做為依據，那麼所顯示的前 5 組查詢文字就如圖 13-3 所示。

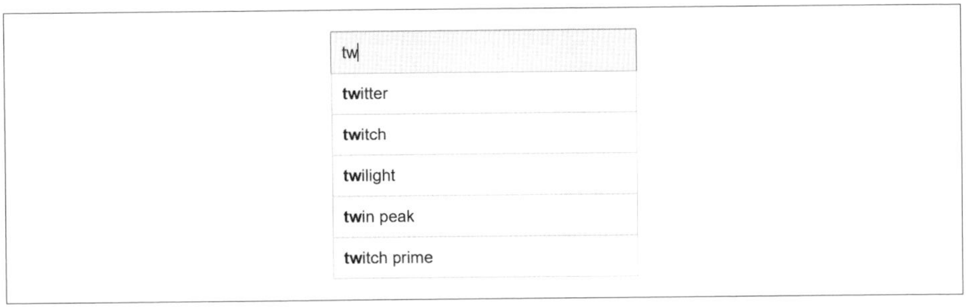

tw|
twitter
twitch
twilight
twin peak
twitch prime

圖 13-3

如果想取得前 5 組最常被搜尋的文字，可執行以下的 SQL 查詢：

```
SELECT * FROM frequency_table
WHERE query Like `prefix%`
ORDER BY frequency DESC
LIMIT 5
```

圖 13-4

如果資料集並不大，這就是一個可接受的解決方案。但如果是很大的資料集，資料庫存取就會變成其中的瓶頸。我們在深入設計的內容中，還會再探索最佳化的做法。

第三步驟——深入設計

在高階設計中，我們曾討論過「資料收集服務」與「查詢服務」。雖然這個高階設計還不算是最佳的做法，不過它仍舊是一個很好的起始點。我們會在本節深入研究其中幾個元素如下，並探索幾種最佳化的做法：

- trie 資料結構
- 資料收集服務
- 查詢服務
- 儲存系統的擴展
- trie 相關操作

trie 資料結構

在高階設計中，我們是用關聯式資料庫來做為儲存系統。但如果想從關聯式資料庫中取出排名前 5 的查詢文字，其效率並不高。trie（prefix tree；前綴樹）這樣的資料結構，就是用來克服這個問題。由於 trie 資料結構對這個系統來說至關重要，因此我們會花很多時間，設計出所需要的 trie 資料結構。請注意，這裡所用到的一些構想，都是取自 [2] 與 [3] 這些文章。

對於這個面試題目來說，清楚瞭解基本的 trie 資料結構可說是很重要的一環。不過，這個問題與資料結構比較有關，而不能算是系統設計的問題。此外，也有許多網路上的資料，對這個概念做出解釋。本章只會簡單扼要討論一下 trie 資料結構，並把重點放在如何最佳化基本的 trie，以求能夠改善回應的時間。

trie（發音同「try」）是一種樹狀資料結構，可以用比較緊湊的方式來儲存大量的字串。這個名稱是從 **retrieval（檢索）** 這個單詞而來，也就是說它正是針對字串檢索操作而設計的。trie 主要的構想如下：

- trie 是一種樹狀資料結構。

- 根節點（root）代表一個空字串。

- 每個節點都只保存一個字元，而且都有 26 個子節點，每個子節點對應一種字元。為了節省空間，我們並不會畫出空的鏈結。

- 樹狀結構中的每個節點，皆可代表一個單詞或一個前綴字串。

圖 13-5 顯示的就是一個內有「tree」、「try」、「true」、「toy」、「wish」、「win」這幾個查詢文字的 trie 資料結構。圖中完整的查詢文字都用比較粗的邊框特別標識起來。

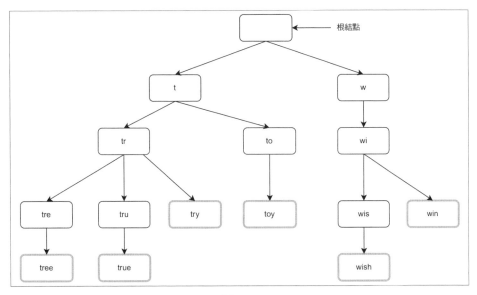

圖 13-5

基本的 trie 資料結構會把字元儲存在節點中。為了能夠支援「按頻率排序」的需求，頻率的資訊也必須包含在節點之中。假設我們的頻率表如下。

表 13-2

Query（查詢文字）	Frequency（頻率）
tree	10
try	29
true	35
toy	14
wish	25
win	50

把頻率資訊添加到節點之後，調整過的 trie 資料結構如圖 13-6 所示。

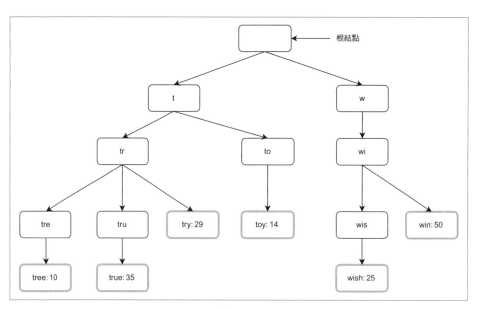

圖 13-6

該如何運用 trie，達成自動補全文字的效果呢？在深入研究演算法之前，我們先來定義一些術語。

- p：前綴文字的長度

- n：trie 節點的總數量

- c：所給定節點的子節點數量

如果想取出最常被搜尋的前 *k* 組文字，相應的步驟如下：

1. 找出前綴文字。時間複雜度：*O(p)*。

2. 從前綴節點開始遍歷整個子樹，以取得所有有效的子節點。只要可構成有效的查詢字串，就是有效的子節點。時間複雜度：*O(c)*

3. 針對這些子節點進行排序，然後取出前 *k* 個子節點。時間複雜度：*O(c log(c))*

我們就用圖 13-7 做為範例，對這個演算法進行說明。假設 *k* 等於 2，然後使用者在搜尋框中輸入了「tr」。這個演算法的運作過程如下：

*   Step 1：找出前綴節點「tr」。

*   Step 2：遍歷子樹以取得所有的有效子節點。以這個例子來說，[tree: 10]、[true: 35]、[try: 29] 這幾個節點都是有效的。

*   Step 3：針對這些子節點進行排序，然後取得其中前 2 個子節點。[true: 35] 與 [try: 29] 就是帶有「tr」前綴文字的前 2 組查詢文字。

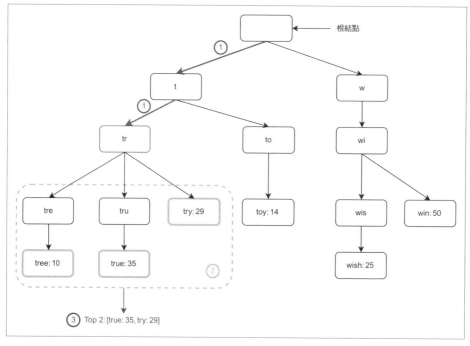

圖 13-7

這個演算法的時間複雜度，就是上述每個步驟所花費時間的總和：

$$O(p) + O(c) + O(c \, log(c))$$

上面的演算法非常簡單明瞭。不過這個演算法太慢了，因為在最糟的情況下，我們必須遍歷整個 trie 才能取得前 k 個結果。以下則是兩種最佳化的做法：

1. 限制前綴文字的最大長度
2. 針對每個節點相應的熱門查詢文字進行快取

我們就來看看這些最佳化的做法。

限制前綴文字的最大長度

使用者很少在搜尋框中輸入很長的查詢文字。因此，把 p 視為一個比較小的整數（例如 50）應該是蠻安全的一種假設。如果有限制前綴文字的長

度,「找出前綴文字」的時間複雜度就可以從 *O(p)* 降為 *O(很小的常數)*,或者也可以用 *O(1)* 來表示。

針對每個節點相應的熱門查詢文字進行快取

為了盡量避免對整個 trie 資料結構進行遍歷的動作,我們決定在每個節點裡保存前 *k* 個最常被用到的查詢文字。對於使用者來說,5 到 10 組自動補全的建議文字應該就已經足夠了,因此 *k* 應該是一個相對比較小的數值。在這裡的範例中,我們只針對排名前 5 組查詢文字進行快取。

只要在每個節點內針對排名前幾組查詢文字進行快取,就可以在需要前 5 組查詢文字時大大降低相應的時間複雜度。不過,這種設計方式需要在每個節點內儲存排名前幾的查詢文字,因此需要用到大量的空間。在這裡用空間換取時間非常值得,因為快速的回應時間至關重要。

圖 13-8 顯示的是調整過後的 trie 資料結構。排名前 5 組查詢文字全都被儲存在每個節點內。舉例來說,前綴文字為「be」的節點,就會保存以下幾個快取項目:[best: 35,bet: 29,bee: 20,be: 15,beer: 10]。

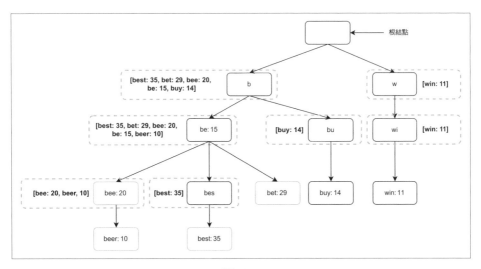

圖 13-8

我們就來重新檢視一下，套用這兩種最佳化的做法之後，演算法的時間複雜度改變如下：

1. 找出前綴文字節點。由於我們限制了前綴文字的長度，因此這個步驟的時間複雜度變成 $O(1)$

2. 送回排名前 k 組結果。由於我們針對排名前 k 組查詢文字進行了快取，因此這個步驟的時間複雜度變成 $O(1)$。

由於每個步驟的時間複雜度都降到了 $O(1)$，因此我們的演算法只需要 $O(1)$ 的時間複雜度，即可取得前 k 組查詢文字。

資料收集服務

在之前的設計中，使用者每次輸入查詢文字時，資料都要以即時的方式持續進行更新。但由於以下的兩個理由，其實這樣的做法並不切實際：

- 每天都有大量使用者，輸入好幾十億組查詢文字。如果針對每一組查詢文字，都必須對 trie 進行更新，這樣一定會大大降低查詢服務的速度。

- 一旦把 trie 資料結構建立起來之後，排名前幾的建議文字很可能就不會再有太大的變化。因此，實際上 trie 並不需要很頻繁進行更新。

為了設計出更具有可擴展性的資料收集服務，我們就來檢視一下資料的來源，以及資料的運用方式。像 Twitter 這樣的即時應用程式，確實需要提供最即時更新的自動補全文字建議。但像 Google 關鍵字這類的自動補全文字建議，很可能每天都不會有太大的變化。

雖然情況各不相同，但資料收集服務的基礎還是沒有改變，因為我們用來構建 trie 的資料，通常都是來自一些 Analytics 分析或 Log 日誌服務。

重新設計過的資料收集服務，如圖 13-9 所示。我們隨後就會逐一檢視每一個元素。

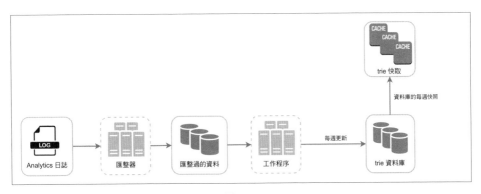

圖 13-9

Analytics 日誌：它會保存著查詢文字相關的原始資料。這些 Log 日誌資料只會從最後面一直附加上去，而且並不能以索引方式進行操作。表 13-3 顯示的就是 Log 日誌檔案的內容範例。

表 13-3

Query（查詢文字）	Time（時間）
tree	2019-10-01 22:01:01
try	2019-10-01 22:01:05
tree	2019-10-01 22:01:30
toy	2019-10-01 22:02:22
tree	2019-10-02 22:02:42
try	2019-10-03 22:03:03

匯整器：Analytics 日誌的資料量通常都很大，而且資料的格式並不一定很規範。我們必須先對資料進行匯整，好讓我們的系統可以輕鬆進行處理。

根據不同的使用情況，我們有可能需要匯整好幾種不同的資料。如果是比較具有即時性的應用程式（例如 Twitter），匯整資料的時間間隔就會比較短，因為盡可能即時提供結果是比較重要的事。至於另一些應用的情況，匯整資料的頻率可能就不必那麼頻繁，比如每週一次也許就足夠了。在面試過程中，請務必先確認結果的即時性重不重要。我們在此姑且假設每週需要重建一次 trie 資料結構。

匯整過的資料

表 13-4 顯示的是每週匯整資料的一個範例。Time（時間）這個欄位代表的是每一週的開始時間。frequency（頻率）這個欄位則是相應的 query（查詢文字）在這個禮拜出現的次數總和。

表 13-4

Query（查詢文字）	Time（時間）	Frequercy（頻率）
tree	2019-10-01	12000
tree	2019-10-08	15000
tree	2019-10-15	9000
toy	2019-10-01	8500
toy	2019-10-08	6256
toy	2019-10-15	8866

worker 工作程序：workers 指的是一組伺服器，它們負責定期執行非同步的工作（job）。他們會負責打造 trie 資料結構，然後保存到 trie 資料庫中。

trie 快取：trie 快取是一種分散式的快取系統，可以把 trie 保存在記憶體，以便進行快速讀取。它每週都會針對資料庫取其快照（snapshot）做為快取資料。

trie 資料庫：trie 資料庫是一種持久型儲存系統。儲存資料的方式有兩種選項：

1. **文件（document）儲存系統**：既然每週都會建立一個新的 trie 資料結構，因此我們可以定期進行快照、然後對它進行序列化轉換，再保存到資料庫中。像 MongoDB [4] 這樣的文件儲存系統，就很適合用來保存序列化資料。

2. **鍵值（key-value）儲存系統**：可以套用下面的邏輯做法，以雜湊表的形式 [4] 來表示 trie：

- trie 資料結構的每一個前綴文字節點，都對應到雜湊表中的一個鍵。

- 每一個 trie 節點相應的資料，都可對應到雜湊表中的某個值。

圖 13-10 顯示的就是 trie 與雜湊表之間的對應關係。

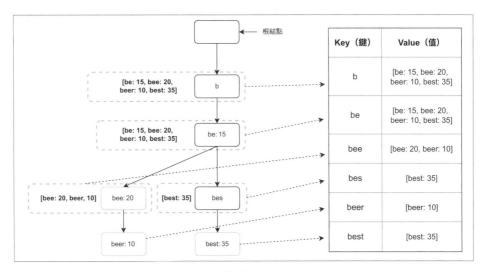

圖 13-10

在圖 13-10 中，左側 trie 的每個節點全都可對應到右側的「**鍵值對**」。如果不清楚鍵值儲存系統的運作原理，請參見「第 6 章：設計鍵值儲存系統」。

查詢服務

在之前的高階設計中，查詢服務會直接調用資料庫以取得前 5 個結果。圖 13-11 則是改進過的設計，因為之前的設計效率並不好。

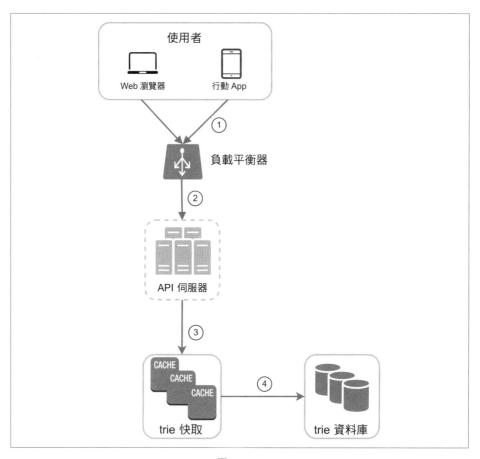

圖 13-11

1. 查詢文字會被發送到負載平衡器。

2. 負載平衡器會把請求轉送到 API 伺服器。

3. API 伺服器會從 trie 快取中取得 trie 資料，然後為客戶端構建出自動補全文字建議。

4. 如果所需的資料並不在 trie 快取中，這次就會從資料庫取得資料，再把資料放入快取中。如此一來，後續針對相同前綴文字的所有請求，就可以從快取中取得。如果快取伺服器記憶體不足或離線，也有可能出現快取未命中（cache miss）的情況。

查詢服務往往需要閃電般的速度。我們提供了以下幾種最佳化的做法：

- **AJAX 請求**：對於 Web 應用程式來說，瀏覽器通常會發送 AJAX 請求，以取得自動補全文字的結果。AJAX 的主要好處就是在發送請求或接收回應時，並不需要刷新整個網頁。

- **瀏覽器快取**：對於許多應用程式來說，自動補全文字建議在短時間內很可能都不會有太大的變化。因此，自動補全文字建議也可以保存在瀏覽器的快取中，讓後續的請求可以直接從快取中取得所需的結果。Google 搜尋引擎就採用了這樣的快取機制。圖 13-12 顯示的就是在 Google 搜尋引擎中輸入「system design interview」（系統設計面試）所得到的回應標頭。如你所見，Google 會把結果保留在瀏覽器的快取中，保留時間為 1 個小時。請注意：cache-control（快取控制）裡的 private（私有）就表示這個結果只適用於單一使用者，絕對不能做為共用的快取來使用。max-age=3600 則表示快取的有效期為 3600 秒（也就是一個小時）。

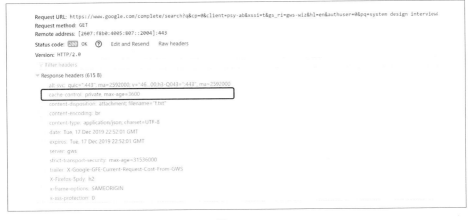

圖 13-12

- **資料取樣**：如果是大型的系統，用 log 日誌來記錄每一組查詢文字，一定需要大量的處理能力與儲存空間。因此，資料取樣（data sampling）的方式特別重要。舉例來說，系統可以從每 N 個請求之中，只取其中 1 個保存到日誌記錄中。

trie 相關操作

trie 可說是自動補全文字系統的核心元素。我們就來看一下 trie 相關操作（建立、更新與刪除）的運作方式。

建立

trie 是由 worker 工作程序運用匯整過的資料所建立起來的。資料的來源是來自 Analytics 日誌 / 資料庫。

更新

trie 的更新有兩種做法。

選項 1：每週更新一次 trie。新的 trie 一旦建立起來，就會替換掉舊的 trie。

選項 2：直接更新某個 trie 節點。我們會盡量避免進行此操作，因為這是一種很慢的做法。但如果 trie 很小，這仍舊是一種可接受的做法。如果我們更新了某個 trie 節點，從它開始往上到根節點為止所有的祖先節點全都必須隨之更新，因為每一個祖先節點都會保存著排名前幾的子節點查詢結果。圖 13-13 顯示的就是更新操作運作的範例。在左邊的圖中，「beer」（啤酒）這個查詢文字的原始值為 10。在右邊的圖中，其值被更新為 30。你可以看到，這個節點及其祖先節點中「beer」的值全都被更新為 30 了。

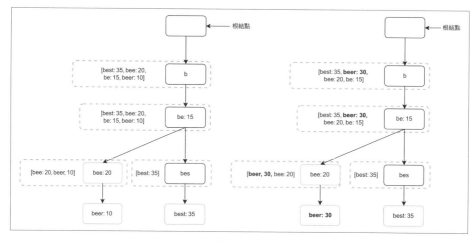

圖 13-13

刪除

我們必須刪除掉一些帶有仇恨、暴力、露骨或危險意味的自動補全文字建議。只要在 trie 快取的前面加入一個篩選層（圖 13-14），就可以篩選掉一些不需要的自動建議文字。有了篩選層，我們就可以用一種很靈活的方式，根據不同的篩選規則，刪除掉特定的結果。針對我們不需要的建議內容，系統也會以非同步的方式，刪除掉實際資料庫中的記錄，因此在下一次的更新週期中，就可以用正確的資料集來構建 trie 了。

圖 13-14

儲存系統的擴展

現在我們已經開發出一種可以向使用者提供自動補全文字的查詢系統，接下來可以再考慮一下，如果 trie 太大而無法容納在單一部伺服器中，該如何解決這種可擴展性的問題。

由於我們的設計中，英語是唯一可支援的語言，因此最單純的做法就是根據第一個字元來進行分片（shard）。下面就是一些範例。

- 如果我們需要用到兩部伺服器來儲存資料，我們可以讓第一部伺服器負責儲存 a 到 m 開頭的查詢文字，第二部伺服器則負責儲存 n 到 z 開頭的查詢文字。

- 如果我們需要用到三部伺服器，則可以把查詢文字分成「a 到 i」、「j 到 r」、「s 到 z」三組。

由於英語有 26 個字母，按照這樣的邏輯，我們最多可以把查詢文字拆分到 26 部伺服器中。我們可以把根據第一個字元進行拆分的分片做法，定義為第一層分片（first level sharding）。如果需要儲存超過 26 部伺服器的

資料，我們也可以根據第二層甚至第三層進行拆分。舉例來說，以 *a* 開頭的查詢文字可以再拆分到 4 部伺服器中：「*aa-ag*」、「*ah-an*」、「*ao-au*」、「*av-az*」。

乍看之下，這樣的做法似乎很合理，但很快你就會發現，字母「*c*」開頭的單詞遠比「*x*」開頭的單詞多出許多。這樣一定會造成不均勻的分佈。

如果想減輕資料分佈不均衡的問題，我們可以分析資料的歷史分佈模式，然後再套用更聰明的分片邏輯，如圖 13-15 所示。分片對應（shard map）管理工具會維護一個查詢資料庫，用來判斷每一筆資料應該儲存在何處。舉例來說，如果從歷史資料來看，「*s*」所對應的資料數量，與「*u*」、「*v*」、「*w*」、「*x*」、「*y*」、「*z*」相應的資料加總起來的數量很接近，因此這部分可以採用兩個分片：一個對應「*s*」，另一個對應「*u*」到「*z*」。

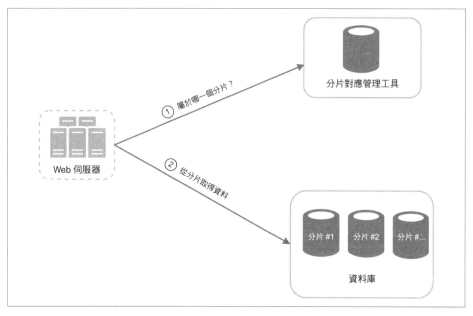

圖 13-15

第四步驟——匯整總結

完成深入的設計之後，面試官可能還會問你一些後續的問題。

面試官：你會如何擴展你的設計，以支援多種語言？

如果要支援其他非英語查詢，我們可以在 trie 節點中儲存 Unicode 字元。如果你並不熟悉 Unicode，其定義如下：「涵蓋全世界所有古代與現代書寫系統其中所有字元的一種編碼標準」[5]。

面試官：如果某個國家最熱門的查詢文字與其他國家不同，該怎麼辦？

在這樣的情況下，我們或許可以針對不同國家建立不同的 trie 資料結構。為了縮短回應的時間，我們可以把不同的 trie 儲存在 CDN。

面試官：我們如何支援隨趨勢而改變的（即時）搜尋查詢？

假設突然爆發某個新聞事件，某段查詢文字突然變得很熱門。我們的原始設計並沒有能力做出適當的回應，因為：

- 更新 trie 的任務排程每週只會執行一次，因此已離線的 worker 工作程序可能要等上好一陣子才會開始運作。
- 就算可以縮短排程的時間，重新建立整個 trie 的時間也太長了。

建立一個能夠即時自動補全文字的功能，其實是非常複雜的工作，而且也超出了本書的範圍，因此我們在這裡只拋出一些我們的想法：

- 透過分片的做法，減少工作資料量。
- 修改排名模型，給最近的查詢文字設定更高的權重。
- 資料可能是以串流的形式出現，因此我們無法一次就存取到所有的資料。串流資料的意思就表示，資料是以連續的方式持續生成的。串流處理需要一套不同的系統，像是：Apache Hadoop MapReduce [6]、Apache Spark Streaming [7]、Apache Storm [8]、Apache Kafka [9] 等等。因為所有這些主題全都需要特定的領域知識，所以這裡就不再贅述了。

恭喜你跟我們走到了這裡！現在你可以拍拍自己的肩膀。你真是太棒了！

參考資料

[1]　The Life of a Typeahead Query（預先輸入查詢的有效壽命）：
　　　https://www.facebook.com/notes/facebook-engineering/the-life-of-a-typeahead-
　　　query/389105248919/

[2]　How We Built Prefixy: A Scalable Prefix Search Service for Powering Autocomplete（我們
　　　構建 Prefixy 的做法：增強自動補全文字能力的可擴展前綴文字搜尋服務）：
　　　https://medium.com/@prefixyteam/how-we-built-prefixy-a-scalable-prefix-search-service-
　　　for-powering-autocomplete-c20f98e2eff1

[3]　Prefix Hash Tree An Indexing Data Structure over Distributed Hash Tables（前綴雜湊
　　　樹──運用分散式雜湊表的一種索引資料結構）：
　　　https://people.eecs.berkeley.edu/~sylvia/papers/pht.pdf

[4]　MongoDB 維基百科：https://en.wikipedia.org/wiki/MongoDB

[5]　Unicode 常見問題：https://www.unicode.org/faq/basic_q.html

[6]　Apache hadoop: https://hadoop.apache.org/

[7]　Spark streaming: https://spark.apache.org/streaming/

[8]　Apache storm: https://storm.apache.org/

[9]　Apache kafka: https://kafka.apache.org/documentation/

設計 YouTube

本章要求你設計出 YouTube 服務。這個問題的解決方案，也可以應用到其他的面試問題，例如像是設計一個 Netflix 或 Hulu 這樣的影片共享平台。YouTube 的主頁如圖 14-1 所示。

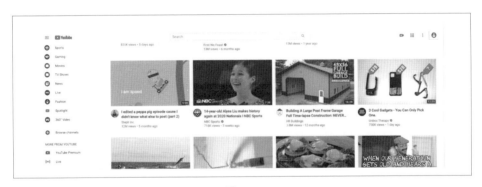

圖 14-1

YouTube 看起來很簡單：內容創作者上傳影片，觀眾再透過點擊播放影片。真有這麼簡單嗎？並不是這樣的。簡單的背後往往隱含許多複雜的技術。我們就來看一下 YouTube 在 2020 年一些令人印象深刻的統計數字，以及一些有趣的事實 [1] [2]。

- 每月活躍使用者總數：20 億。

- 每天觀看的影片數量：50 億。

- 在美國有 73％的成人會使用 YouTube。

- YouTube 有 5,000 萬名內容創作者。

- YouTube 在 2019 年全年的廣告收入為 151 億美元，比 2018 年成長 36％。

- YouTube 佔了所有行動網路流量的 37％。

- YouTube 可以在 80 種不同的語言環境下使用。

從這些統計數字我們可以知道，YouTube 確實是很龐大、而且很賺錢的一家全球性公司。

第一步驟——瞭解問題並確立設計的範圍

如圖 14-1 所示，你在 Youtube 除了可以觀看影片之外，還有很多其他事情可以做。舉例來說，像是給影片留言、分享影片、為影片點讚、把影片保存到播放清單、訂閱頻道等等。在 45 到 60 分鐘的面試過程中，不可能設計出所有的功能。因此，提出適當的問題以縮小設計的範圍，是很重要的步驟。

應試者：哪些功能特別重要？
面試官：要能夠上傳影片、觀看影片。

應試者：必須支援哪些使用者？
面試官：行動 App、Web 瀏覽器與智慧型電視（smart TV）。

應試者：我們每天會有多少活躍使用者？
面試官：500 萬。

應試者：使用者每天平均會在這裡花多少時間？
面試官：30 分鐘。

應試者：需要支援全球的使用者嗎？
面試官：是的，全球使用者佔了很大的一部分。

應試者：支援哪些影片解析度？
面試官：系統可支援大多數的影片解析度與格式。

應試者：是否需要進行加密？
面試官：是。

應試者：影片的檔案大小有特別的要求嗎？

面試官：我們的平台主要聚焦於中小型影片。可接受的影片大小，最大為 1GB。

應試者：我們能否利用 Amazon、Google 或 Microsoft 所提供的一些現有雲端基礎架構？

面試官：這是個好問題。對於大多數公司來說，從頭開始構建所有架構並不是很實際的做法，因此建議可善用一些現有的雲端服務。

本章的重點，就是設計出具有以下功能的影片串流服務：

- 能夠快速上傳影片

- 流暢的影片串流

- 能夠改變影片的播放品質

- 低廉的基礎架構成本

- 符合高可用性、可擴展性、可靠性的要求

- 可支援的客戶端：行動 App、Web 瀏覽器與智慧型電視

粗略的估算

以下的估算是以許多假設做為基礎，因此先與面試官做好溝通，以確保雙方有一定的共識，是非常重要的步驟。

- 假設這個產品每天有 500 萬名活躍使用者（DAU）。

- 使用者每天平均觀看 5 支影片。

- 每天有 10% 的使用者會上傳 1 支影片。

- 假設影片的平均大小為 300 MB。

- 每天所需的總儲存空間：500 萬 * 10% * 300 MB = 150TB

- CDN 成本估算。
  - 如果使用雲端 CDN 來提供影片服務，就必須根據 CDN 所傳輸的資料量支付費用。
  - 我們就用 Amazon 的 CDN CloudFront 來進行成本的估算（圖 14-2）[3]。假設 100％的流量都是從美國提供服務。每 GB 的平均成本為 0.02 美元。為了簡單起見，我們只計算影片串流的成本。
  - 500 萬 * 5 支影片 * 0.3 GB * 0.02 美元 = 每天 150,000 美元。

只要根據粗略的成本估算就可以知道，用 CDN 來提供影片服務需要花很多錢。就算雲端供應商願意為大客戶大幅降低 CDN 的費用，但這項成本還是跑不掉。我們稍後在深入設計的小節中，還會討論幾種降低 CDN 成本的方法。

Per Month	United States & Canada	Europe & Israel	South Africa, Kenya, & Middle East	South America	Japan	Australia	Singapore, South Korea, Taiwan, Hong Kong, & Philippines	India
First 10TB	$0.085	$0.085	$0.110	$0.110	$0.114	$0.114	$0.140	$0.170
Next 40TB	$0.080	$0.080	$0.105	$0.105	$0.089	$0.098	$0.135	$0.130
Next 100TB	$0.060	$0.060	$0.090	$0.090	$0.086	$0.094	$0.120	$0.110
Next 350TB	$0.040	$0.040	$0.080	$0.080	$0.084	$0.092	$0.100	$0.100
Next 524TB	$0.030	$0.030	$0.060	$0.060	$0.080	$0.090	$0.080	$0.100
Next 4PB	$0.025	$0.025	$0.050	$0.050	$0.070	$0.085	$0.070	$0.100
Over 5PB	$0.020	$0.020	$0.040	$0.040	$0.060	$0.080	$0.060	$0.100

圖 14-2

第二步驟──提出高階設計並取得認可

如前所述，面試官建議你可以善用現有的雲端服務，而不要從頭開始構建所有架構。我們會善用的是 CDN 與 BLOB 儲存系統這兩種雲端服務。有些讀者可能會問，為什麼不自行打造所有的東西？原因如下：

- 系統設計面試並不是要你從頭打造所有的東西。在有限的時間內，選擇正確的技術來正確完成工作，比詳細解釋技術的工作原理更為重要。舉例來說，只要提一下你會採用 BLOB 儲存系統來儲存原始影片，這樣對面試來說就已經足夠了。深入探討 BLOB 儲存系統的詳細設計，或許就有點過頭了。

- 構建出具有可擴展性的 BLOB 儲存系統或 CDN，過程非常複雜，而且成本很高。即使像 Netflix 或 Facebook 這樣的大公司，也無法完全靠自己構建出所有的東西。Netflix 就利用了 Amazon 的雲端服務 [4]，Facebook 則是採用 Akamai 的 CDN [5]。

從比較高的層次來看，這個系統包含了三個構成元素（圖 14-3）。

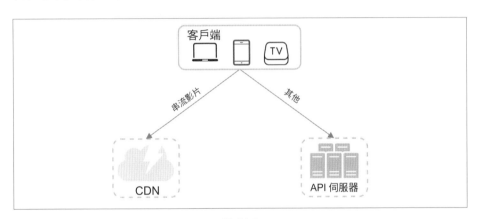

圖 14-3

客戶端：你可以在電腦、行動手機、智慧型電視上觀看 YouTube 影片。

CDN：影片全都儲存在 CDN。當你按下播放時，就會從 CDN 以串流的方式傳輸影片。

API 伺服器：除了影片串流以外，其他所有服務都是由 API 伺服器來提供，包括動態影片推薦、生成影片上傳網址、更新 metadata 資料庫與 metadata 快取、使用者註冊與登入等等。

在前面的問答過程中，面試官對於其中兩種流程特別感興趣：

- 影片上傳流程
- 影片串流流程

我們接著就來探索相應的高階設計。

影片上傳流程

圖 14-4 顯示的就是影片上傳的高階設計。

這個設計包含以下幾個元素：

- **使用者**：使用者會在電腦、行動手機或智慧型電視等設備上觀看 YouTube。

- **負載平衡器**：負載平衡器會在 API 伺服器之間平均分配請求。

- **API 伺服器**：除了影片串流的任務之外，其他所有的使用者請求都是由 API 伺服器進行處理。

- **metadata 資料庫**：影片的 metadata（詮釋資料）全都保存在 metadata 資料庫。這些資料會進行分片（sharded）與複製（replicated），以滿足效能與高可用性的要求。

- **metadata 快取**：為了獲得更好的效能表現，影片的 metadata 詮釋資料與使用者物件都會進行快取。

- **原始儲存系統**：我們會用 BLOB 儲存系統來保存原始影片。這裡姑且引用維基百科關於 BLOB 儲存系統的說法：「BLOB（Binary Large Object；二進位大型物件）指的就是在資料庫管理系統中，用一個單一實體來儲存一堆的二進位資料」[6]。

- **轉碼伺服器**：影片轉碼（transcoding）也稱為影片編碼（encoding）。它就是把影片格式轉換成另一種格式（如 MPEG、HLS 等等）的一種程序，其目的是為了針對不同設備與頻寬能力，提供最佳的影片串流。

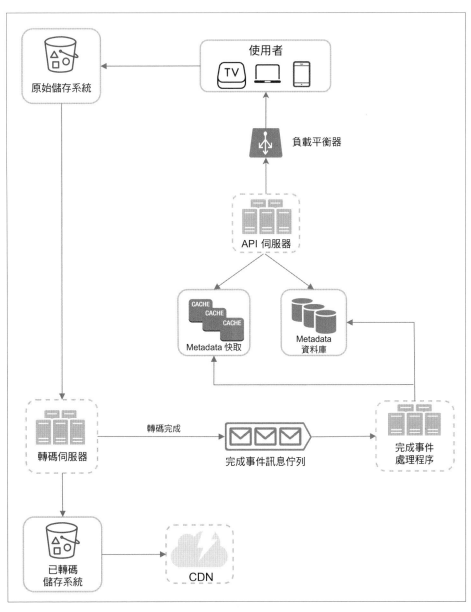

圖 14-4

- **已轉碼儲存系統（transcoded storage）**：這是一種 BLOB 儲存系統，可用來儲存已轉碼的影片檔案。

- **CDN**：用 CDN 來做為影片的快取。當你點擊播放按鈕時，就會從 CDN 以串流的方式傳輸影片。

- **完成事件訊息佇列（completion queue）**：這是一個訊息佇列，可用來存放影片轉碼完成事件的相關訊息。

- **完成事件處理程序（completion handler）**：這裡會有一大堆 worker 工作程序，從完成事件訊息佇列中提取出事件訊息，然後對 metadata 快取與 metadata 資料庫做出更新。

現在我們已經對每一種構成元素有了一定的理解，接著就來檢視一下影片上傳流程的工作原理。這整個流程可以切分成兩個平行執行的程序。

a. 上傳實際的影片。

b. 更新影片的 metadata 詮釋資料。metadata 詮釋資料裡頭包含影片的網址、大小、解析度、格式、使用者資訊等相關資訊。

流程 A：上傳實際的影片

圖 14-5 顯示的就是上傳實際影片的流程。說明如下：

1. 影片被上傳到原始儲存系統。

2. 轉碼伺服器從原始儲存系統取得影片並開始進行轉碼。

3. 轉碼完成後，就以平行的方式執行以下兩個步驟：

3a. 把已轉碼的影片發送到已轉碼儲存系統。

3b. 轉碼完成事件會進入完成事件訊息佇列，排隊等候處理。

　　3a.1. 已轉碼影片會被分配到 CDN。

　　3b.1. 完成事件處理程序有一大堆的 worker 工作程序，會不斷從佇列提取出事件資料。

　　3b.1.a. 與 3b.1.b. 影片轉碼完成後，完成事件處理程序就會更新 metadata 資料庫與 metadata 快取。

4. API 伺服器會通知客戶端影片已成功上傳,並已做好準備隨時可進
行串流傳輸。

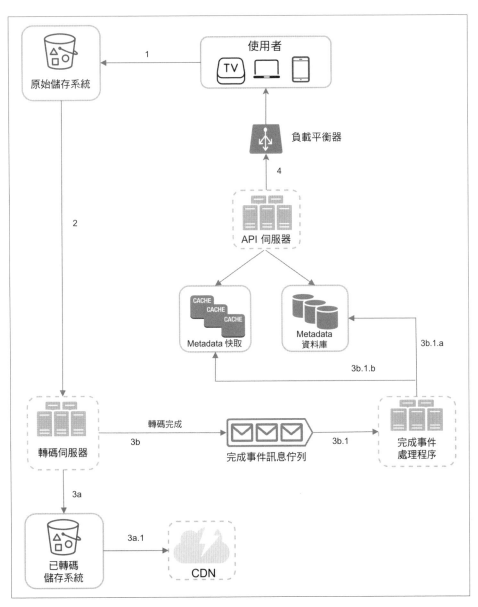

圖 14-5

流程 B：更新 metadata 詮釋資料

把檔案上傳到原始儲存系統的同時，客戶端也會以平行的方式發送請求，以更新影片的 metadata 詮釋資料，如圖 14-6 所示。這個請求帶有一些影片的 metadata 詮釋資料，其中包括檔案名稱、大小、格式等等。API 伺服器會用這些資料來更新 metadata 快取與 metadata 資料庫。

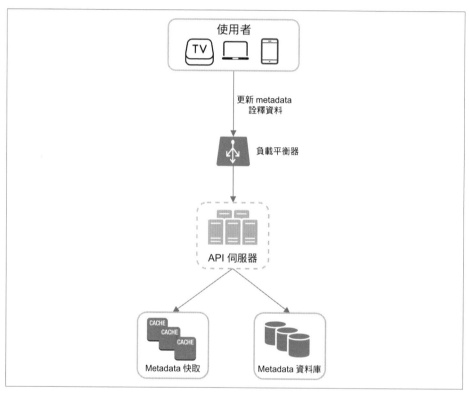

圖 14-6

影片串流流程

當你在 YouTube 觀看影片時，通常馬上就能開始串流播放，而不必等整部影片下載完畢。下載（downloading）的做法是把整部影片先複製到你的設備中，而串流（streaming）的做法則是讓你的設備以一邊接收一邊播放的方式，從遠端的原始影片那邊持續接收影片串流。觀看串流影片時，客戶端一次只會載入一點點資料，因此馬上就能以連續方式播放影片。

在討論影片串流的流程之前，我們先來看一個重要的概念：**串流協定**（streaming protocol）。這是一種控制影片串流資料傳輸的標準化方法。最受歡迎的幾種串流協定如下：

- **MPEG–DASH**：MPEG 代表「Moving Picture Experts Group」（動態圖像專家群組），DASH 則代表「Dynamic Adaptive Streaming over HTTP」（透過 HTTP 進行的動態自適應串流）。

- Apple 的 **HLS**：HLS 代表「HTTP Live Streaming」（HTTP 即時串流）。

- Microsoft 的 **Smooth Streaming**（平順串流）。

- Adobe 的 **HDS**（HTTP Dynamic Streaming；HTTP 動態串流）。

你並不需要完全理解、甚至不需要記住這些串流協定的名稱，因為這些都是特定領域專業知識的底層細節。這裡比較重要的是要知道不同的串流協定，各自支援不同的影片編碼與回放播放器。在設計影片串流服務時，我們必須選擇正確的串流協定，以支援我們實際的使用狀況。如果想瞭解更多關於串流協定的訊息，參考資料裡有一篇很棒的文章 [7]。

影片會直接從 CDN 進行串流。離你最近的 edge 伺服器會負責遞送影片的內容。因此，幾乎不會有什麼延遲。圖 14-7 顯示的就是影片串流的高階設計。

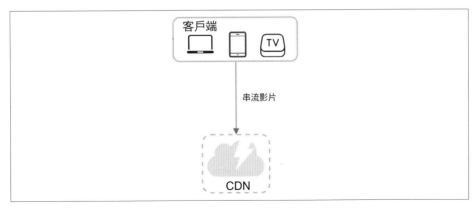

圖 14-7

第三步驟——深入設計

在高階的設計中，整個系統被分成兩個部分：影片上傳流程、影片串流流程。本節打算用一些重要的最佳化做法，進一步完善這兩個流程，並引進錯誤處理機制。

影片轉碼

當你在錄製影片時，錄影設備（通常是手機或攝影機）會製作出特定格式的影片檔案。如果想讓影片在其他設備順利播放，就必須把影片編碼成相容的比特率與格式。比特率（bitrate）指的是在一定時間內處理位元（bit）資料的速度。比較高的比特率，通常也就代表比較高的影片品質。串流的比特率越高，越需更強的處理能力，以及更快的網路速度。

影片轉碼很重要，原因如下：

- 原始影片會佔用大量的儲存空間。以每秒 60 幀（frame；畫面）的速度錄製一小時的高清影片，可能就會佔用掉好幾百 GB 的空間。

- 許多設備與瀏覽器都只支援特定類型的影片格式。因此，基於相容性理由而把影片編碼成不同格式，是一件很重要的事。

- 為了確保使用者在觀看高品質影片時，能同時保持播放的流暢性，其中一種很好的構想就是，只給網路頻寬較高的使用者提供高解析度影片，而頻寬較低的使用者則提供較低解析度的影片。

- 網路的條件隨時有可能改變（尤其是行動設備）。為了確保影片能連續播放，我們可以根據網路的狀況，自動或以人工方式切換影片的品質，這對於流暢的使用者體驗而言至關重要。

有很多種類型的編碼格式可供使用，不過其中大多包含兩個部分：

- **容器（container）**：這就像是一個籃子，可以把影片、聲音與 metadata 詮釋資料全都放在裡頭。你可以藉由檔案的副檔名（例如 .avi，.mov 或 .mp4）來區分容器的格式。

- **編碼解碼器（Codecs）**：也就是壓縮與解壓縮的演算法，目的是縮小影片大小的同時，設法維持住影片的品質。最常用的影片 codecs 編碼解碼器，就是 H.264，VP9 與 HEVC。

有向非循環圖（DAG；Directed Acyclic Graph）模型

對影片進行轉碼，是一種計算成本很高又很費時的工作。此外，不同的內容創作者可能也有不同的影片處理要求。舉例來說，有些內容創作者需要在影片中添加浮水印，有些人則會自行提供影片略縮圖；有些人會上傳高解析度影片，但也不是每個人都會這麼做。

為了支援不同的影片處理流程，並維持比較高的平行性（parallelism），其中一個很重要的做法就是添加某些抽象層，然後讓客戶端程式設計師定義所要執行的任務。舉例來說，Facebook 的串流影片引擎就運用了有向非循環圖（DAG）程式設計模型，這個模型會以分階段的方式定義任務，以便可以用循序或平行的方式執行任務 [8]。在我們的設計中，採用了一種類似的 DAG 模型，來實現所需的彈性與平行性。圖 14-8 呈現的就是影片轉碼的一個 DAG 有向非循環圖。

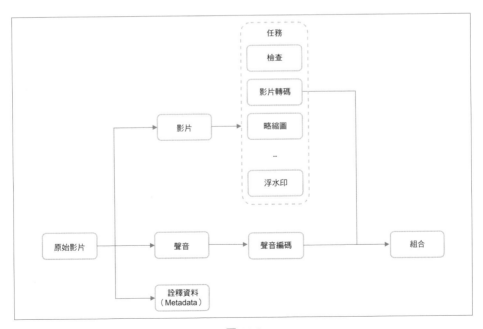

圖 14-8

在圖 14-8 中，原始影片被切分成影片、聲音與 metadata 詮釋資料三個部分。以下則是可以套用到影片檔案的一些任務（task）：

- **檢查**：確保影片品質良好且沒有格式錯誤。
- **影片編碼**：影片進行轉換，以支援不同的解析度、編碼解碼器、比特率等等。圖 14-9 顯示的就是已編碼影片檔案的範例。
- **略縮圖**：略縮圖可以由使用者上傳，也可以由系統自動生成。
- **浮水印**：浮在影片上面的圖片疊加層，其中可包含影片相關的標識資訊。

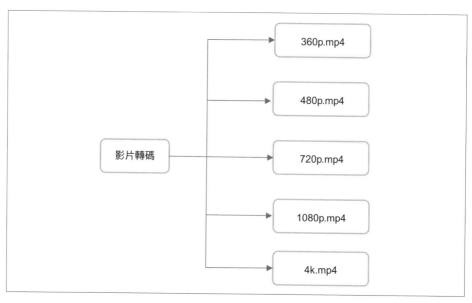

圖 14-9

影片轉碼架構

這裡所提出的影片轉碼架構，會運用到一些雲端服務，如圖 14-10 所示。

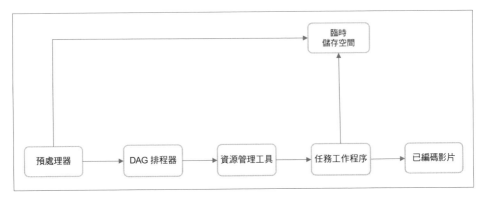

圖 14-10

這個架構具有六個主要的構成元素：預處理器、DAG 排程器、資源管理工具、任務工作程序、臨時儲存空間，以及最後做為輸出的已編碼影片。我們就來仔細看看其中的每一個構成元素。

預處理器

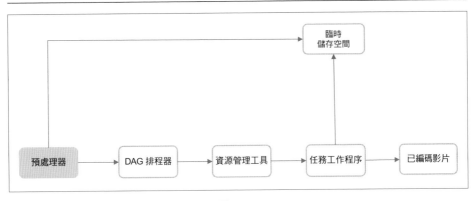

圖 14-11

預處理器（preprocessor）有 4 項職責：

1. 影片分割。影片串流會被分割，或是進一步拆分成更小的 GOP（Group of Pictures；圖片群組）對齊方式。GOP 指的是按照特定順序排列的一群或一組畫面（frames）。每一組畫面都是可獨立播放的單元，長度通常為幾秒鐘。

2. 有些比較老舊的行動設備或瀏覽器，可能並不支援影片分割。預處理程序會針對比較老舊的客戶端，用 GOP 對齊的方式來切分影片。

3. DAG 生成。處理器會根據客戶端程式設計師所編寫的設定檔案，生成相應的 DAG 有向非循環圖。圖 14-12 就是一個很簡單的 DAG，其中有 2 個節點（node）與 1 條連線（edge）：

圖 14-12

這個 DAG 其實是根據下面兩個設定檔案所生成的（圖 14-13）：

```
task {
    name 'download-input'
    type 'Download'
    input {
        url config.url
    }
    output { it->
        context.inputVideo = it.file
    }
    next 'transcode'
}
```

```
task {
    name 'transcode'
    type 'Transcode'
    input {
        input context.inputVideo
        config config.transConfig
    }
    output { it->
        context.file = it.outputVideo
    }
}
```

圖 14-13（來源：[9]）

4. 快取資料。預處理器同時也會針對已分段影片進行快取。為了提高可靠性，預處理器會把 GOP 與 metadata 詮釋資料保存在臨時儲存空間中。如果影片編碼失敗，系統就可以用之前保存的資料來進行重試操作。

DAG 排程器

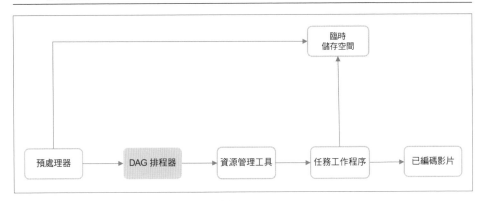

圖 14-14

DAG 排程器會把 DAG 圖再劃分成好幾個階段的任務,然後放入資源管理工具的任務佇列中。圖 14-15 顯示的就是 DAG 排程器的運作範例。

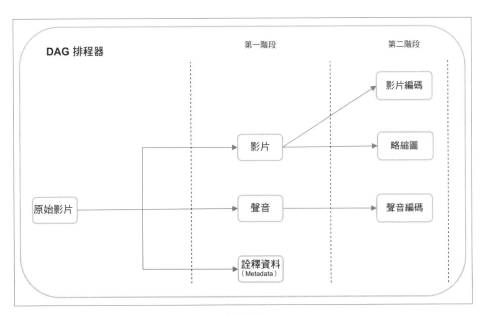

圖 14-15

如圖 14-15 所示，原始影片被分成兩個階段：第一階段先拆分成影片
（Video）、聲音（Audio）與 metadata 詮釋資料。Video 影片部分在第二階
段還會再切分出兩個任務：影片編碼與略縮圖。Audio 聲音部分則需要進
行聲音編碼，這也是第二階段其中的一個任務。

資源管理工具

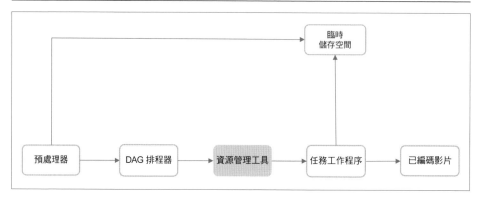

圖 14-16

資源管理工具負責管理資源分配的效率。其中包含三個佇列與一個任務排
程器，如圖 14-17 所示。

- **任務（Task）佇列**：這是一個優先權佇列，其中包含所要執行的任
  務。

- **工作程序（Worker）佇列**：這也是一個優先權佇列，其中包含工作
  程序的利用狀況相關資訊。

- **執行（Running）佇列**：其中包含目前所要執行的任務（task），以
  及執行這些任務的相應工作程序（worker）相關訊息。

- **任務排程器**：它會選出最佳的任務 / 工作程序（task / worker），並指
  派所選擇的「工作程序」去執行「任務」。

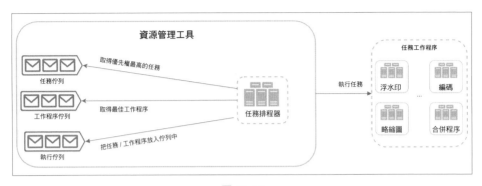

圖 14-17

資源管理工具的運作方式如下：

- 任務排程器會從任務佇列中，取出具有最高優先權的任務（task）。

- 任務排程器再從工作程序佇列中，取出最適合執行任務的工作程序（worker）。

- 任務排程器會指派所選定的工作程序（worker）去執行任務（task）。

- 任務排程器會把任務與工作程序的資訊綁定起來，然後放入執行佇列。

- 工作完成之後，任務排程器就會把執行佇列裡的這個工作移除掉。

任務工作程序

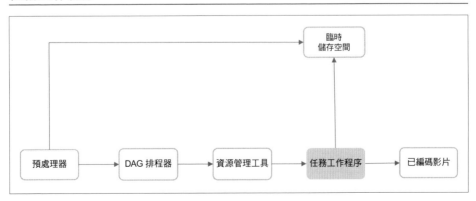

圖 14-18

任務工作程序會執行 DAG 所定義的任務。不同工作程序可執行不同的任務，如圖 14-19 所示。

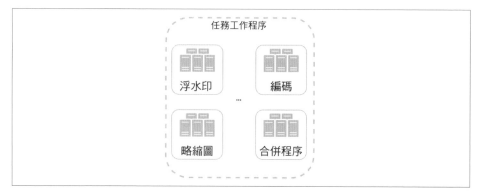

圖 14-19

臨時儲存空間

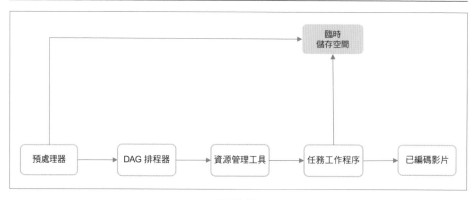

圖 14-20

這裡會運用到多種儲存系統。儲存系統的選擇取決於資料類型、資料大小、存取頻率、資料壽命等因素。舉例來說，worker 工作程序經常會存取 metadata 詮釋資料，而這類資料的大小通常都蠻小的。因此，在記憶體內快取 metadata 詮釋資料，是一個不錯的主意。如果是影片或聲音資料，我們則會放入 BLOB 儲存系統。相應的影片處理完成之後，就會釋放掉臨時儲存空間裡的資料。

已編碼影片

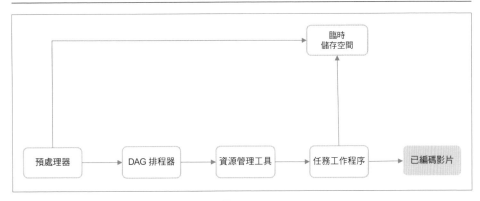

圖 14-21

已編碼影片就是編碼流程最後的輸出。例如 funny_720p.mp4 就是輸出的一個例子。

系統最佳化

到目前為止，你應該已經對影片上傳流程、影片串流流程與影片轉碼有了很好的理解。接著我們會透過一些最佳化的做法，進一步完善整個系統（包括提升速度、安全性，以及節省成本的一些做法）。

速度最佳化：以平行方式上傳影片

把影片當做一整個單位來進行上傳，是一種很沒效率的做法。我們可以透過 GOP 對齊的做法，把影片切分成比較小的幾群，如圖 14-22 所示。

圖 14-22

在這樣的做法下，即使先前的上傳失敗，也可以快速進行重新上傳。根據 GOP 來切分影片檔案的工作，可以由客戶端來實現，以提高上傳的速度，如圖 14-23 所示。

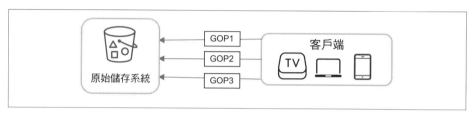

圖 14-23

速度最佳化：把上傳中心放在靠近使用者的位置

提高上傳速度的另一種做法，就是在全球範圍內設立多個上傳中心，讓各地區的使用者可以就近將影片上傳到該區域的上傳中心。為了達到這樣的效果，我們採用 CDN 做為上傳中心。

速度最佳化：無處不在的平行處理

如果要實現低延遲的效果，確實需要花很大的功夫。另一種最佳化的做法，就是建立一個鬆散耦合的系統，以實現更高的平行性。

我們的設計需要進行一些修改，才能實現更高的平行性。接著就來更仔細檢視一下，影片從原始儲存系統傳送到 CDN 的流程。這個流程如圖 14-24 所示，從圖中可以看到，每一個輸入都是前一個步驟的輸出。這樣的依賴關係會讓平行性的實現更加困難。

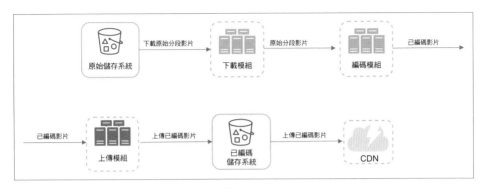

圖 14-24

為了讓系統有比較鬆散的耦合性，我們引入了一些訊息佇列（message queue），如圖 14-25 所示。這裡就用一個範例來說明一下，訊息佇列如何讓系統的耦合度變得比較鬆散一些。

- 在引入訊息佇列之前，編碼模組必須等待下載模組的輸出。

- 引入訊息佇列之後，編碼模組就不需要再等待下載模組的輸出了。只要訊息佇列裡還有待處理的事件，編碼模組就可以用平行的方式執行這些工作。

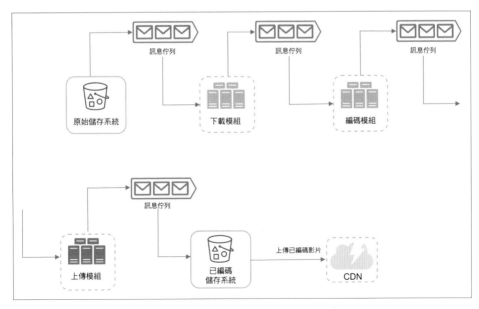

圖 14-25

安全性最佳化：預簽名上傳網址

安全性是任何產品最重要的其中一個面向。為了確保只有授權使用者可以把影片上傳到正確的位置，我們導入所謂的預簽名網址（pre-signed URL），如圖 14-26 所示。

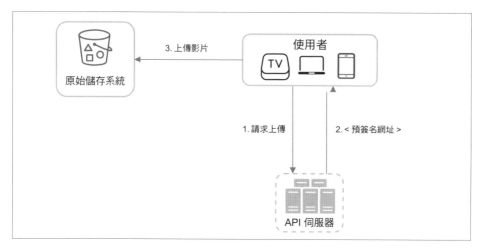

圖 14-26

上傳流程調整如下：

1. 客戶端向 API 伺服器發出 HTTP 請求，以取得預簽名網址（pre-signed URL），把存取權限提供給網址內所指定的物件。「預簽名網址」這個說法，其實是把檔案上傳到 Amazon S3 時會用到的一個術語。其他雲端服務供應商可能會採用其他的名稱。舉例來說，Microsoft Azure BLOB 儲存系統也支援相同的功能，但其名稱為「共享存取簽名」（Shared Access Signature）[10]。

2. API 伺服器用預簽名網址做為回應。

3. 客戶端一收到回應，就用這個預簽名網址來上傳影片。

安全性最佳化：保護你的影片

許多內容創作者並不願意在網路上發佈影片，因為他們擔心自己的原始影片被盜版。為了保護那些受版權保護的影片，我們有以下三種安全性選項可供選擇：

- **DRM（Digital Rights Management；數位版權管理）系統**：目前三個最主要的 DRM 系統，分別是 Apple FairPlay、Google Widevine 與 Microsoft PlayReady。

- **AES 加密**：你可以對影片進行加密，並設定授權策略。加密過的影片，可以在播放時進行解密。這樣一來就可以確保，只有已授權使用者才能觀看到加密過的影片。

- **視覺浮水印**：這是在影片的畫面疊加一層圖片的做法，其中可包含影片的標識資訊。你可以用你的公司 logo 或公司名稱，來做為浮水印的標識資訊。

節省成本的最佳化做法

CDN 是我們的系統其中一個很重要的構成元素。它可以確保影片在全球範圍內快速傳遞到使用者的設備中。不過，根據粗略的計算，我們知道 CDN 的成本很昂貴，尤其是資料量很大的時候。我們該如何降低成本呢？

根據先前的研究表明，YouTube 影片串流相當符合長尾分佈的情況 [11] [12]。這也就表示，有一些很受歡迎的影片被存取的頻率特別高，而許多其他影片則很少、或甚至沒有人在觀看。基於這樣的觀察，我們實作了一些最佳化的做法：

1. 只在 CDN 提供最受歡迎的影片，其他影片則由我們自己的高容量影片伺服器來提供服務（圖 14-27）。

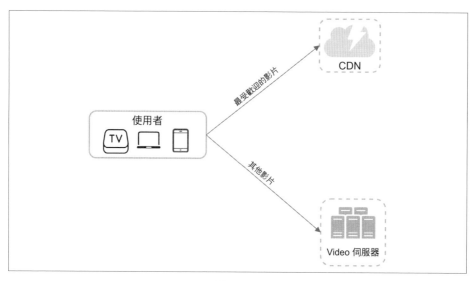

圖 14-27

2. 針對沒那麼受歡迎的內容，我們或許並不需要儲存很多不同編碼的影片版本。比較短的影片可以根據實際的觀看情況進行編碼。

3. 有些影片只在特定地區特別受歡迎。這些影片就不必分配到其他地區了。

4. 建立自己的 CDN（例如 Netflix），並與 ISP（網路服務提供商）合作。打造自己的 CDN 將是一個龐大的專案；不過這對於大型串流媒體公司來說，或許是有意義的做法。這裡所說的 ISP 有可能是 Comcast、AT&T、Verizon，或是其他的網路供應商。世界各地都有當地的 ISP，而且都與使用者很接近。只要與 ISP 合作，就可以改善觀看體驗，並減少頻寬費用。

所有這些最佳化的做法，都是以內容的受歡迎程度、使用者的存取模式，以及影片的大小等因素做為基礎。在進行任何最佳化的做法之前，先分析觀看模式的歷史資料，是非常重要的一個動作。本章的參考資料提供了一些與此主題相關的有趣文章：[12] [13]。

錯誤處理

對於一個大型系統來說,出現系統錯誤是無可避免的事。如果要打造出一個具有高度容錯能力的系統,我們就必須妥善處理錯誤,並從錯誤中迅速恢復。一般來說,錯誤可分成兩種類型:

- **可恢復的錯誤**:如果遇上可恢復的錯誤(例如影片某片段無法轉碼),一般的想法就是再多重試幾次同樣的操作。如果任務持續失敗,而且系統認為該任務已不可恢復,就向客戶端送回適當的錯誤碼。

- **不可恢復的錯誤**:如果遇上不可恢復的錯誤(例如格式錯誤的影片),系統就會把影片相關聯的所有執行中任務停止下來,並向客戶端送回適當的錯誤碼。

以下列出系統各個構成元素經常遇到的一些典型錯誤:

- **上傳錯誤**:重試幾次。

- **影片分割錯誤**:如果舊版本客戶端無法使用 GOP 對齊方式分割影片,就把整部影片傳送到伺服器。影片分割的工作會在伺服端完成。

- **轉碼錯誤**:重試。

- **預處理器錯誤**:重新生成 DAG 圖。

- **DAG 排程器錯誤**:任務重新進行排程。

- **資源管理工具佇列出問題**:使用副本(replica)。

- **任務工作程序出問題**:改用新的工作程序,重新嘗試執行任務。

- **API 伺服器出問題**:API 伺服器是無狀態的,因此可以把請求導向其他 API 伺服器。

- **metadata 快取伺服器出問題**:資料會被複製很多次。就算其中一個節點出問題,還是可以存取其他節點以取得資料。我們可啟動另一個新的快取伺服器,替換掉有問題的快取伺服器。

- **metadata 資料庫伺服器出問題：**
  - **Master 主資料庫出問題**：如果 master 出問題，可以把其中一個 slave 提升為新的 master。
  - **Slave 從資料庫出問題**：如果某個 slave 出問題，可以改用另一個 slave 來進行讀取，然後再啟動另一個資料庫伺服器，替換掉有問題的伺服器。

第四步驟——匯整總結

我們在本章介紹了 YouTube 這類影片串流服務的架構設計。如果面試結束之前還有多餘的時間，也可以聊聊以下幾個主題：

- **擴展 API 層**：由於 API 伺服器是無狀態的（stateless），因此很容易在 API 層進行水平擴展。

- **擴展資料庫**：你可以談談資料庫複寫機制（database replication）與分片（sharding）。

- **直播（live streaming；即時串流）**：它指的就是以即時方式拍攝並把影片廣播出去的程序。雖然我們的系統並不是專為直播而設計，但直播（即時串流）與非即時串流還是有一些相似之處：兩者都需要上傳、編碼與串流。兩者之間比較明顯的區別是：
  - 直播對延遲的要求更高，因此可能需要不同的串流協定。
  - 直播對於平行性的要求比較低，因為有一小部分資料已被即時處理。
  - 直播需要不同的錯誤處理做法。任何需要花費太多時間的錯誤處理方式，都是不可接受的。

- **影片下架**：侵犯版權、色情或其他非法行為的影片，都應該予以下架。其中有一些在上傳過程中就會被系統發現，有一些則可透過使用者檢舉的方式來處理。

恭喜你跟我們走到了這裡！現在你可以拍拍自己的肩膀。你真是太棒了！

參考資料

[1] YouTube by the numbers（用數字來看 Youtube）：
https://www.omnicoreagency.com/youtube-statistics/

[2] 2019 YouTube Demographics（2019 年 Youtube 相關統計）：
https://blog.hubspot.com/marketing/youtube-demographics

[3] Cloudfront Pricing（Cloudfront 定價）：https://aws.amazon.com/cloudfront/pricing/

[4] Netflix on AWS（AWS 上的 Netflix）：
https://aws.amazon.com/solutions/case-studies/netflix/

[5] Akamai 首頁：https://www.akamai.com/

[6] BLOB 二進位大型物件：https://en.wikipedia.org/wiki/Binary_large_object

[7] Here's What You Need to Know About Streaming Protocols（你所要瞭解的串流協定）：
https://www.dacast.com/blog/streaming-protocols/

[8] SVE: Distributed Video Processing at Facebook Scale（SVE：Facebook 規模的分散式影片處理）：https://www.cs.princeton.edu/~wlloyd/papers/sve-sosp17.pdf

[9] Weibo video processing architecture（微博視頻轉碼系統架構演進；這是一篇中文的文章）：https://www.upyun.com/opentalk/399.html

[10] Delegate access with a shared access signature（利用共享存取簽名來委託存取）：
https://docs.microsoft.com/en-us/rest/api/storageservices/delegate-access-with-shared-access-signature

[11] YouTube scalability talk by early YouTube employee（YouTube 早期員工的 YouTube 可擴展性演講）：https://www.youtube.com/watch?v=w5WVu624fY8

[12] Understanding the characteristics of internet short video sharing: A youtube-based measurement study（瞭解網際網路短影片共享的特性：以 youtube 為基礎的評估研究）：https://arxiv.org/pdf/0707.3670.pdf

[13] Content Popularity for Open Connect（Open Connect 內容受歡迎的程度）：
https://netflixtechblog.com/content-popularity-for-open-connect-b86d56f613b

設計 Google Drive

近年來，像是 Google Drive、Dropbox、Microsoft OneDrive 與 Apple iCloud 這類的雲端儲存服務廣受歡迎。我們打算在本章要求你設計出 Google Drive。

在真正進入設計之前，我們先花點時間瞭解一下 Google Drive。Google Drive 是一種檔案儲存與同步服務，可協助你把檔案、照片、影片與其他檔案儲存到雲端之中。你可以從任何電腦、智慧型手機與平板電腦，存取你自己的檔案。你也可以輕鬆與朋友、家人或同事分享這些檔案 [1]。圖 15-1 與 15-2 分別顯示了 Google Drive 在瀏覽器與行動 App 中看起來的樣子。

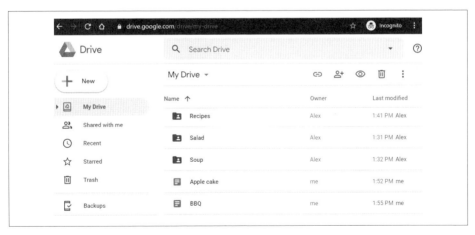

圖 15-1

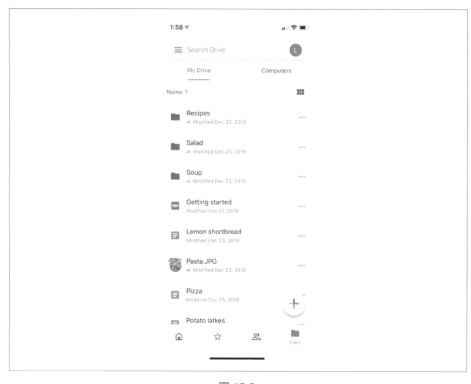

圖 15-2

第一步驟——瞭解問題並確立設計的範圍

設計 Google Drive 是一個很大的專案，因此先提出一些問題以縮小設計的範圍，是非常重要的一件事。

> **應試者**：最重要的功能是什麼？
> **面試官**：上傳與下載檔案、檔案同步與通知。

> **應試者**：這是一個行動 App，還是一個 Web 應用程式，抑或是兩種都要做？
> **面試官**：兩種都要做喲！

> **應試者**：支援哪些檔案格式？
> **面試官**：任何檔案類型都要支援。

應試者：檔案需要進行加密嗎？

面試官：是的，儲存系統裡的檔案都必須進行加密。

應試者：檔案大小有限制嗎？

面試官：有，檔案必須小於等於 10 GB。

應試者：這個產品有多少使用者？

面試官：每天有 1,000 萬活躍使用者。

我們會在本章重點介紹以下幾個功能：

- 添加檔案。最簡單的檔案添加方式，就是把檔案拖放到 Google Drive 中。

- 下載檔案。

- 跨多設備同步檔案。只要把檔案添加到其中一部設備，就會自動同步到其他設備。

- 查看檔案修訂記錄。

- 與你的朋友、家人、同事共享檔案

- 檔案被編輯、刪除或與你共享時，發送通知。

本章未討論的功能包括：

- Google 文件編輯與協作。Google 文件可以讓多人同時編輯同一文件。這已超出我們的設計範圍。

除了要釐清各種功能性需求之外，瞭解一下非功能性需求也很重要：

- **可靠性**：可靠性對於儲存系統來說極為重要。資料丟失是不可接受的。

- **快速的同步速度**：如果檔案同步太耗時，使用者很快就會因為不耐煩而放棄此產品。

- **頻寬使用率**：如果產品佔用大量不必要的網路頻寬，使用者一定會很不滿意，尤其手機使用流量有限的方案時更是如此。

- **可擴展性**：這個系統應該有能力處理很大的流量。
- **高可用性**：如果某些伺服器離線、速度變慢或出現意外的網路錯誤，使用者應該還是能正常使用系統。

粗略的估算

- 假設此應用有 5,000 萬名註冊使用者，以及 1,000 萬每日活躍使用者（DAU）。
- 使用者有 10 GB 的可用空間。
- 假設使用者每天上傳 2 個檔案。平均檔案大小為 500 KB。
- 讀寫比率為 1：1。
- 所需配置的總空間：5,000 萬 * 10 GB = 500 PB
- 上傳 API 的 QPS（每秒請求數量）：1,000 萬 * 2 次上傳 / 24 小時 / 3,600 秒 = ～ 240
- 峰值 QPS = QPS * 2 = 480

第二步驟——提出高階設計並取得認可

與其一開始就展示高階設計圖，我們這次打算採用稍微不同的做法。我們會先從簡單的做法開始：在單一伺服器打造出所有的東西。然後再逐步擴大規模，以支援好幾百萬使用者。透過這個實際練習，你就可以對本書介紹過的一些重要主題，進行一次重點式的複習。

我們一開始先採用單一伺服器設定如下：

- 一部 Web 伺服器，可用來上傳、下載檔案。
- 一個資料庫，可用來追踪 metadata 詮釋資料（例如使用者資訊、登入資訊、檔案資訊等等）。
- 一套儲存系統，可用來儲存檔案。我們會先配置 1TB 的儲存空間來儲存檔案。

我們先花幾個小時來設定 Apache Web 伺服器、MySql 資料庫,以及一個名為 *drive/* 的目錄,以做為保存上傳檔案的根目錄。在 *drive/* 目錄下,有一個目錄列表,稱之為名稱空間(namespaces)。每個名稱空間都包含該使用者上傳的所有檔案。伺服器上的檔案名稱,與原始檔案名稱保持相同。每個檔案或資料夾都可以結合名稱空間與相對路徑,以做為唯一的標識方式。

圖 15-3 顯示的就是 */drive* 目錄的範例,左側是最基本的樣子,右側則是目錄展開的樣子。

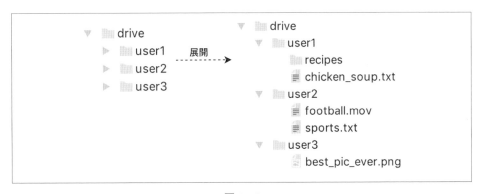

圖 15-3

API

API 大概長什麼樣子呢?我們主要會用到 3 個 API:上傳檔案、下載檔案、取得檔案修訂資訊。

1. 把檔案上傳到 Google Drive

支援兩種類型的上傳:

- **簡單上傳**:如果檔案比較小,可採用這種上傳類型。

- **斷點續傳**:如果檔案比較大,而且網路中斷的可能性很高,可採用這種上傳類型。

以下就是斷點續傳（resumable upload）的 API 範例：

https://api.example.com/files/upload?uploadType=resumable

參數：

- uploadType=resumable（可續傳）

- data：所要上傳的本地檔案。

只要透過以下三個步驟 [2]，就可以進行斷點續傳：

- 發送初始請求，以取得可續傳網址。

- 上傳資料並監控上傳狀態。

- 如果上傳被打斷，就從斷點繼續上傳。

2. 從 Google Drive 下載檔案

範例 API：https://api.example.com/files/download

參數：

- path：下載檔案路徑。

  參數範例：

  ```
  {
  "path": "/recipes/soup/best_soup.txt"
  }
  ```

3. 取得檔案修訂資訊

範例 API: https://api.example.com/files/list_revisions

參數：

- path：想取得檔案修訂歷史記錄的檔案路徑。

- limit：送回來的修訂版本最大數量。

參數範例：

```
{
"path": "/recipes/soup/best_soup.txt",
"limit": 20
}
```

所有 API 都需要進行使用者身份驗證，並使用 HTTPS。這裡會採用 SSL
（Secure Sockets Layer；安全 socket 層）來保護客戶端與後端伺服器之間
的資料傳輸。

擺脫單一伺服器的限制

隨著上傳的檔案越來越多，最後你一定會收到空間已滿的警告，如圖 15-4
所示。

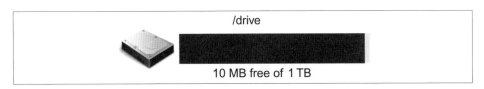

圖 15-4

只剩下 10 MB 的儲存空間！這可是很緊急的狀況，因為使用者無法再上
傳檔案了。我所想到的第一個解決方案，就是對資料進行分片（shard），
然後儲存到多個儲存伺服器中。圖 15-5 顯示的就是一個以 *user_id* 為基礎
的分片範例。

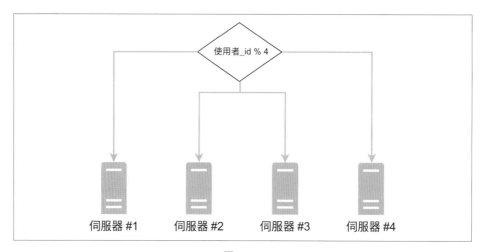

圖 15-5

你花了整夜的時間，設定好資料庫分片，並對其進行嚴密的監視。一切再度順利運作。你停下腳步喘了口氣，心裡卻還是有點擔心，萬一儲存伺服器出問題，還是有可能造成潛在的資料損失。於是你到處詢問，而你朋友 Frank 正好是後端的專家，他告訴你，許多居於領先地位的公司（例如 Netflix 與 Airbnb）都運用 Amazon S3 來處理資料儲存的工作。「Amazon S3（Amazon Simple Storage Service；亞馬遜簡單儲存服務）是一種物件儲存服務，可提供產業領先的可擴展性、資料可用性、安全性與效能表現」[3]。因此，你決定進行一些研究，看看它是不是一種合適的做法。

經過大量閱讀之後，你對 S3 儲存系統有了很好的理解，決定把檔案儲存到 S3。Amazon S3 可支援同區域與跨區域複製。所謂的「區域」（region）指的是 AWS（Amazon Web Services；亞馬遜 Web 服務）在當地擁有資料中心的地理區域。如圖 15-6 所示，資料可以在同區域（左側）與跨區域（右側）之間進行複製。檔案若能儲存在多個區域中，就能提供冗餘（redundant）的效果，可防止資料丟失，並確保可用性。這裡的一個儲存桶（bucket），就相當於檔案系統中的一個資料夾。

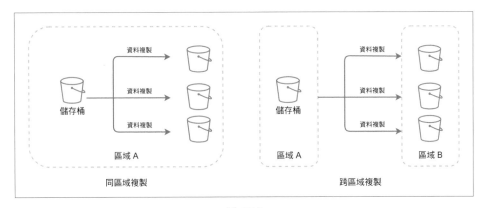

圖 15-6

只要把檔案放入 S3,你就可以睡個好覺,不必再擔心資料丟失了。但為了避免未來發生類似的問題,你決定再進一步針對其他可改進的部分,多做一些研究。以下就是你所找出的幾個面向:

- **負載平衡器**:添加一個負載平衡器,以分配網路的流量。負載平衡器可確保流量平均分配,如果有一部 Web 伺服器出問題,它也可以重新分配流量。

- **Web 伺服器**:添加負載平衡器之後,就可以根據流量負載,輕鬆添加 / 移除更多的 Web 伺服器。

- **metadata 資料庫**:把資料庫移出伺服器,可避免單點故障。同時也可以設定資料複製機制與分片做法,以滿足可用性與可擴展性要求。

- **檔案儲存系統**:可採用 Amazon S3 來做為檔案儲存系統。為了確保可用性與耐久性,檔案會被複製到兩個不同的地理區域中。

只要套用前述的改進做法,你就可以成功把 Web 伺服器、metadata 資料庫與檔案儲存系統,與單一伺服器解耦了。更新後的設計如圖 15-7 所示。

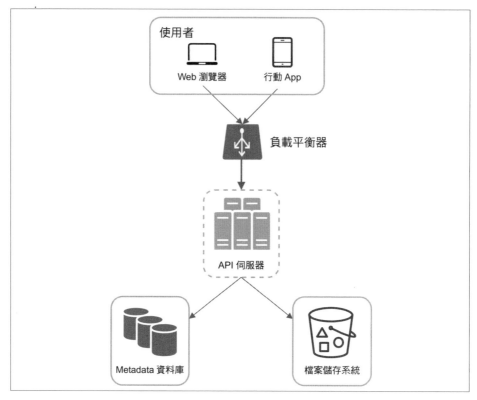

圖 15-7

同步衝突

對於大型儲存系統（例如 Google Drive）來說，時不時總會遇到同步衝突的問題。如果有兩個使用者同時修改同一個檔案或資料夾，就會發生衝突的情況。我們該如何解決這樣的衝突呢？以下就是我們所採用的策略：先以比較早處理的第一個版本為準，而比較晚處理的版本則會收到衝突的通知。圖 15-8 顯示的就是同步衝突的範例。

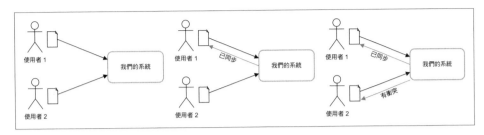

圖 15-8

在圖 15-8 中，使用者 1 與使用者 2 兩人都嘗試在同一時間修改同一個檔案，但我們的系統先處理到使用者 1 的檔案。使用者 1 的修改操作會被順利接受，但使用者 2 則會遇上同步衝突的問題。我們該如何解決使用者 2 的衝突問題呢？我們的系統會把同一個檔案的兩個副本都顯示出來：一個是使用者 2 本機裡的副本，另一個是伺服器上的最新版本（圖 15-9）。使用者 2 可以選擇合併這兩個檔案，也可以選擇用某個版本覆蓋掉另一個版本。

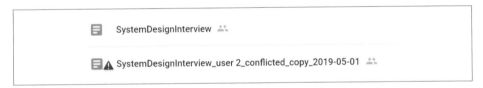

圖 15-9

如果有多個使用者同時編輯同一份文件，要保持文件同步就成為一項挑戰。有興趣的讀者可以參考本章所提供的參考資料 [4] [5]。

高階設計

圖 15-10 針對所提出的高階設計進行了說明。我們會逐一檢視系統裡的每一個構成元素。

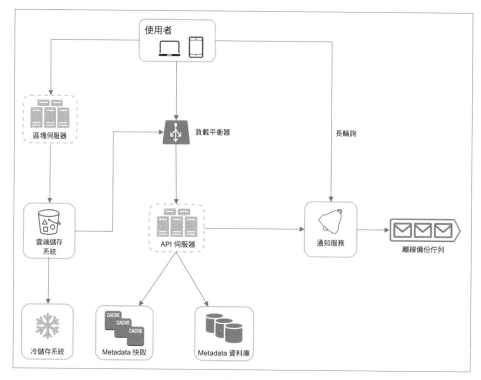

圖 15-10

使用者：使用者可透過瀏覽器或行動 App 運用此應用程式。

區塊伺服器：區塊伺服器會把檔案切成一個一個的區塊（block），再上傳到雲端儲存系統。區塊儲存方式（Block Storage，也稱為區塊級儲存方式）指的是在雲端環境下保存資料檔案的一種技術。每一個檔案都可切分成好幾個區塊，而每個區塊都具有唯一而不重複的雜湊值，保存在我們的 metadata 資料庫中。每個區塊都會被視為一個獨立的物件，儲存在我們的儲存系統（S3）之中。如果要重建檔案，相應的區塊就會以特定的順序重新連結起來。至於區塊的大小，我們可以用 Dropbox 的設定做為參考：Dropbox 的區塊最大尺寸設定為 4MB [6]。

雲端儲存系統：檔案會先被切分成許多比較小的區塊，然後再保存到雲端儲存系統中。

冷儲存系統：冷儲存系統（cold storage）是一種電腦系統，特別設計用來儲存一些比較不活躍的資料（也就是長時間不會進行存取的一些檔案）。

負載平衡器：負載平衡器會在 API 伺服器之間平均分配請求。

API 伺服器：這些伺服器負責的是上傳流程以外幾乎所有的其他工作。API 伺服器可用來驗證使用者的身份、管理使用者的個人檔案、更新檔案的 metadata 詮釋資料等等。

metadata 資料庫：它負責儲存使用者、檔案、區塊、版本等等的 metadata 詮釋資料。請注意，這些檔案全都儲存在雲端，而且 metadata 資料庫的內容只包含 metadata 詮釋資料。

metadata 快取：有些 metadata 詮釋資料會進行快取，以便能夠快速進行檢索。

通知服務：這是一個發佈者 / 訂閱者系統，可以在某些事件發生時，用通知服務送一些資訊到客戶端。在我們這個特定的例子中，通知服務會在添加 / 編輯 / 刪除檔案時通知相關客戶端，以便能夠讓他們下載最新的變動。

離線備份佇列：如果客戶端處於離線狀態而無法下載檔案最新的變動，離線備份佇列就會先把相關資訊儲存起來，隨後當客戶端再度連線時，這些變動就會進行同步操作。

我們已經從比較高階的角度，討論了 Google Drive 的設計。其中一些構成元素比較複雜，值得進一步仔細檢視；我們會在隨後深入設計的小節中，詳細討論這些相關的內容。

第三步驟——深入設計

本節會仔細研究以下的幾個主題：區塊伺服器、metadata 資料庫、上傳流程、下載流程、通知服務、節省儲存空間與故障處理。

區塊伺服器

對於定期更新的大型檔案來說，如果每次變動都要重新發送整個檔案，肯定會佔用大量的頻寬。這裡提出兩種最佳化的做法，希望能夠最大程度減少傳輸的網路流量：

- **差異同步（delta sync）**：如果檔案有變動，就用同步演算法 [7] [8] 同步修改有變動的區塊，而不需要修改整個檔案。

- **壓縮**：針對區塊套用壓縮的做法，以顯著減小資料的大小。我們可根據檔案的類型，運用不同的壓縮演算法來壓縮區塊。舉例來說，gzip 與 bzip2 可用於壓縮文字檔案。圖片與影片的壓縮則需要不同的壓縮演算法。

在我們的系統中，區塊伺服器負責上傳檔案相關的繁重工作。區塊伺服器會把客戶端送過來的檔案分割成許多區塊，再對每個區塊進行壓縮與加密。如果是之前上傳過的檔案，系統並不會把整個檔案重新上傳到儲存系統，而是只傳輸其中修改過的區塊。

圖 15-11 顯示的就是添加新檔案時區塊伺服器的運作方式。

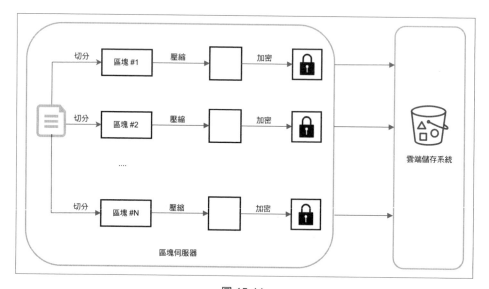

圖 15-11

- 把檔案切分成比較小的好幾個區塊。

- 運用壓縮演算法對每個區塊進行壓縮。

- 為了確保安全性,每個區塊在發送到雲端儲存系統之前都會進行加密。

- 區塊全都會被上傳到雲端儲存系統。

圖 15-12 說明的則是差異同步的做法,只有變動過的區塊會被傳輸到雲端儲存系統。「區塊 2」與「區塊 5」這兩個特別強調顯示的區塊,就代表變動過的區塊。由於採用的是差異同步的做法,因此只有這兩個區塊會被上傳到雲端儲存系統。

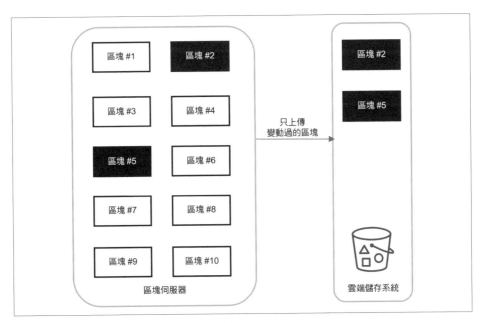

圖 15-12

區塊伺服器可以讓我們用差異同步與壓縮的做法,節省網路的流量。

高度一致性的要求

預設情況下，我們的系統對於一致性有很高的要求。不同客戶端同時顯示同一個檔案時，內容不一致是不可接受的。系統針對 metadata 快取與資料庫層，都必須提供很高的一致性。

預設情況下，記憶體快取會採用終究一致性（eventual consistency）模型，這也就表示，不同的副本有可能具有不同的資料。為了實現高度的一致性，我們必須確保下面兩件事情：

- 快取副本與 master 主資料庫的資料必須保持一致。

- 在寫入資料庫時快取內容就會失效，這樣可確保快取與資料庫保有相同的值。

關聯式資料庫要實現高度一致性並不困難，因為它會一直維護著資料的 ACID（Atomicity 原子性、Consistency 一致性、Isolation 隔離性、Durability 耐久性）這幾個屬性 [9]。不過，在預設情況下，NoSQL 資料庫並不會支援 ACID 這幾個屬性。我們必須另外透過程式碼的方式，才能把 ACID 屬性整合到同步邏輯中。我們的設計選擇採用關聯式資料庫，因為它天生具有 ACID 的原生支援。

metadata 資料庫

圖 15-13 顯示的是 metadata 資料庫的 schema 資料表結構設計。請注意，這是一個高度簡化的版本，因為其中只包含最重要的一些資料表，以及一些比較有趣的欄位。

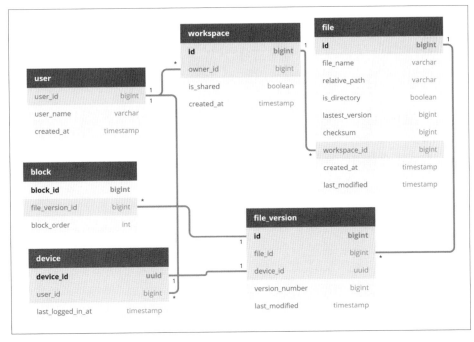

圖 15-13

user（使用者）：user 資料表包含的是使用者相關的一些基本資訊，例如使用者名稱、電子郵件、個人檔案照片等等。

device（設備）：device 資料表保存的是設備相關的資訊。請注意，同一個使用者可擁有很多個設備。

workspace（工作空間）：workspace 就是使用者的根目錄。

file（檔案）：file 資料表保存的是最新檔案相關的所有資訊。

file_version（檔案版本）：保存的是檔案的版本歷史。其中每一行資料都是唯讀的，這樣可以讓檔案修訂歷史記錄維持一定的完整性。

block（區塊）：保存的是檔案區塊相關的所有資訊。只要以正確的順序連結所有相應的區塊，就可以重建出任何版本的檔案。

上傳流程

我們就來討論一下客戶端上傳檔案時所發生的事情。為了對流程有更好的理解，我們繪製了一個時序圖，如圖 15-14 所示。

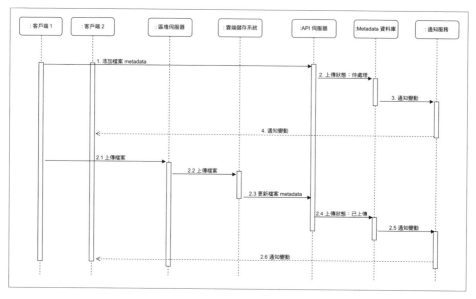

圖 15-14

在圖 15-14 中，有兩個請求以平行的方式發送了出來：一個是添加檔案的 metadata 詮釋資料，另一個是把檔案上傳到雲端儲存系統。這兩個請求都是源自於客戶端 #1。

- 添加檔案的 metadata 詮釋資料。

  1. 客戶端 1 發送出一個請求，要添加新檔案的 metadata 詮釋資料。

  2. 把新檔案的 metadata 詮釋資料保存到 metadata 資料庫，然後把檔案上傳狀態修改為「pending」（待處理）。

  3. 向通知服務發出通報，添加了一個新檔案。

  4. 通知服務會通報相關客戶端（客戶端 #2）有個新檔案正在上傳中。

- 把檔案上傳到雲端儲存系統。

  2.1 客戶端 #1 把檔案內容上傳到區塊伺服器。

  2.2 區塊伺服器把檔案切分成好幾個區塊，並進行壓縮、加密，然後再上傳到雲端儲存系統。

  2.3 檔案上傳之後，雲端儲存系統會觸發上傳完成的回調程序（callback）。這個請求會被發送到 API 伺服器。

  2.4 metadata 資料庫內的檔案狀態修改為「uploaded」（已上傳）。

  2.5 向通知服務發出通報，檔案狀態已被修改為「uploaded」（已上傳）。

  2.6 通知服務會通報相關客戶端（客戶端 #2）檔案已完整上傳。

如果檔案因編輯而出現變動，相關流程也很類似，這裡就不再贅述了。

下載流程

如果某個客戶端在別處添加或編輯某個檔案，就會觸發其他客戶端的下載流程。客戶端怎麼會知道另一個客戶端添加或編輯了某個檔案呢？客戶端可透過以下兩種方式掌握狀況：

- 如果某個客戶端改動檔案時，客戶端 A 正好也在線上，通知服務就會通知客戶端 A，告訴它某個地方進行了修改，所以它必須去下載最新的資料。

- 如果某個客戶端改動檔案時，客戶端 A 正好不在線上，變動過的資料就會保存到快取中。當客戶端再次上線時，就會下載最新的變動。

客戶端一旦知道檔案有變動，就會先透過 API 伺服器請求 metadata 詮釋資料，然後再下載變動過的區塊，以構建出相應的檔案。詳細流程如圖 15-15 所示。注意，由於空間上的限制，這張圖只顯示了最重要的幾個構成元素。

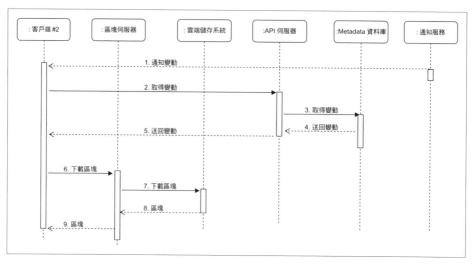

圖 15-15

1. 通知服務會通報客戶端 #2，檔案在其他位置被改動了。

2. 客戶端 #2 一旦知道有新的改動，就會發送請求以取得 metadata 詮釋資料。

3. API 伺服器會向 metadata 資料庫發出請求，以取得變動相關的 metadata 詮釋資料。

4. meatadata 詮釋資料會被送回到 API 伺服器。

5. 客戶端 #2 取得 metadata 詮釋資料。

6. 客戶端接收到 metadata 詮釋資料之後，就會向區塊伺服器發送出請求，以下載所需的區塊。

7. 區塊伺服器會從雲端儲存系統下載一些區塊。

8. 雲端儲存系統把一些區塊送回區塊伺服器。

9. 客戶端 #2 下載所有新區塊，再重新構建出整個檔案。

通知服務

為了保持檔案的一致性，檔案在本地所執行過的任何變動，都必須通知其他客戶端，以避免衝突的問題。通知服務就是為了滿足此目的而存在。從比較高的層次來看，只要一有事件發生，通知服務就會把資訊傳輸給客戶端。以下就是一些可選擇的做法：

- **長輪詢（Long Polling）**：Dropbox 就是採用長輪詢的做法 [10]。

- **WebSocket**：WebSocket 可以在客戶端與伺服器之間提供持續性的連接。這是一種雙向的通訊方式。

雖然這兩種選項都可以運作得很好，但出於以下兩個理由，我們選擇了長輪詢的做法：

- 通知服務並不需要雙向通訊。伺服器會把檔案變動的資訊發送給客戶端，不過並不會有反向的通訊。

- WebSocket 很適合用來進行雙向即時溝通（例如聊天 App）。不過對於 Google Drive 來說，通知的頻率比較低，而且也不會突然有資料暴多的情況。

透過長輪詢的做法，每個客戶端都會建立一個連往通知服務的長輪詢連結。如果偵測到檔案有變動，客戶端就會關閉長輪詢連結。關閉這個連結就表示客戶端必須連接到 metadata 伺服器，以下載到最新的變動。在長輪詢的做法下，如果收到了回應，或是連結已經超時，客戶端就會立即發送新請求，以重新讓連結保持開啟的狀態。

節省儲存空間

為了支援檔案版本歷史記錄並確保一定的可靠性，我們會把同一個檔案的多個版本儲存在多個資料中心。如果很頻繁備份所有檔案的修訂資訊，儲存空間很快就會被塞爆。這裡提出三種可降低儲存成本的技術：

- **消除重複資料區塊**：在帳號的這個層級上消除冗餘的區塊，是一種可節省空間的簡便方法。如果兩個區塊具有相同的雜湊值，就代表是相同的區塊。

- **採用智慧型資料備份策略**：有兩種最佳化策略可供運用：

  - **設定限制**：我們可以針對所要儲存的版本數量設定限制。如果超過了限制，最老的版本就會被新版本替換掉。

  - **只保留有價值的版本**：有些檔案很可能經常被編輯。舉例來說，有些檔案經常需要進行大量修改，如果保存每一個編輯版本，可能就會在短時間內保存 1,000 次以上。為了避免不必要的複製，我們可以限制所要保存的版本數量。我們也可以給新版本比較高的權重。透過實驗，也有助於確定所要保存的最佳版本數量。

- 我們可以把比較不常使用的資料，移到冷儲存系統。冷資料（cold data）指的是好幾個月甚至好幾年都沒被用到的資料。像 Amazon S3 的 glacier（冰川）[11] 就屬於這樣的冷儲存系統，其價格比 S3 便宜很多。

故障處理

大型系統有可能會發生故障，因此我們必須用一些設計策略來解決這些故障。你的面試官有可能感興趣的是，你如何處理下面這些系統故障：

- **負載平衡器故障**：如果負載平衡器發生故障，應該要有第二個負載平衡器接手流量分配的工作。負載平衡器彼此間通常會用 heartbeat（心跳）來相互監視，所謂的 heartbeat 指的就是負載平衡器之間定期發送的信號。如果有某個負載平衡器過了一段時間都沒有發送出心跳信號，這個負載平衡器就會被認為是發生了故障。

- **區塊伺服器故障**：如果區塊伺服器發生故障，其他伺服器就要接手那些未完成或待處理的工作。

- **雲端儲存系統故障**：S3 儲存桶（buckets）會在不同區域進行多次的複製。如果檔案在某個區域無法使用，還是可以從其他不同區域取得檔案。

- **API 伺服器故障**：API 伺服器提供的是一種無狀態的服務。如果 API 伺服器發生故障，流量就會被負載平衡器重定向到其他的 API 伺服器。

- **metadata 快取故障**：metadata 快取伺服器會被複製很多次。如果某個節點發生故障，你還是可以從其他節點取得資料。我們也會啟動另一部新的快取伺服器，替換掉發生故障的伺服器。

- **metadata 資料庫故障**：

  ○ **Master 故障**：如果 master 出問題，就把其中一個 slave 提升為新的 master，並啟動另一個新的 slave 節點。

  ○ **Slave 故障**：如果某個 slave 出問題，你可以用另一個 slave 進行讀取操作，並啟動另一個資料庫伺服器替換掉故障的伺服器。

- **通知服務故障**：每一個線上使用者都會與通知伺服器保持著一個長輪詢連結。因此，每個通知伺服器都會與許多使用者相連。根據 2012 年 Dropbox 的演講 [6]，他們每部機器所開啟的連接數量超過一百萬。如果伺服器出現故障，所有長輪詢連結都會丟失，因此客戶端就必須重新連接到其他伺服器。一部伺服器可保持著許多開啟的連接，一旦失去連接，就很難讓所有丟失的連結立刻重新連上線。與所有丟失的客戶端重新取得連接，將是一個相對較慢的程序。

- **離線備份佇列故障**：這些佇列會被複製很多次。如果有某個佇列出問題，這個佇列的使用者可能就需要重新訂閱（subscribe）其他的備份佇列。

第四步驟──匯整總結

我們在本章提出了一種可支援 Google Drive 的系統設計。結合高度一致性、低網路頻寬、快速同步的能力，讓這個設計變得更有趣。我們的設計包含兩個流程：管理檔案的 metadata 詮釋資料，以及檔案的同步。通知服務是這個系統另一個重要的構成元素。這裡運用長輪詢的做法，讓客戶端能夠維持檔案變動的最新狀態。

就像任何系統設計面試問題一樣，實際上並沒有所謂完美的解決方案。每個公司都有其獨特的限制，而你則必須設計出能夠符合其限制的系統。在你的設計與技術選擇之間，知道如何權衡取捨是很重要的事。如果你還有幾分鐘的時間，也可以嘗試討論一下不同的設計選擇。

舉例來說，我們可以把檔案直接從客戶端上傳到雲端儲存系統，而無需透過區塊伺服器。這種做法的優勢就是檔案上傳速度更快，因為檔案只需傳輸一次到雲端儲存系統。在我們的設計中，檔案會先傳送到區塊伺服器，然後再傳送到雲端儲存系統。不過，這個新做法有一些缺點：

- 首先，必須針對不同的平台（iOS、Android、Web）實作出相同的分群（chunking）、壓縮與加密邏輯。這很容易出錯，而且往往需要很大的工程與努力。在我們的設計中，所有這些邏輯全都集中在同一個地方（區塊伺服器）進行實作。

- 其次，由於客戶端很容易被駭客入侵或操縱，因此在客戶端實作加密邏輯，並不是很理想的做法。

這個系統另一個有趣的進化方式，就是把線上／離線邏輯轉移到單獨的服務。我們姑且稱之為連線狀態服務（presence service）。只要把連線狀態服務移出通知伺服器，連線／離線功能就可以輕鬆整合到其他服務之中。

恭喜你跟我們走到了這裡！現在你可以拍拍自己的肩膀。你真是太棒了！

參考資料

[1]　Google Drive: https://www.google.com/drive/

[2]　上傳檔案資料：https://developers.google.com/drive/api/v2/manage-uploads

[3]　Amazon S3: https://aws.amazon.com/s3

[4]　Differential Synchronization（差異同步）https://neil.fraser.name/writing/sync/

[5]　關於差異同步的 youtube 演講 https://www.youtube.com/watch?v=S2Hp_1jqpY8

[6]　How We've Scaled Dropbox（我們如何對 Dropbox 進行擴展）：
　　https://youtu.be/PE4gwstWhmc

[7]　Tridgell, A., & Mackerras, P. (1996).The rsync algorithm（rsync 演算法）。

[8]　Librsync. (n.d.).Retrieved April 18, 2015, from https://github.com/librsync/librsync

[9]　ACID: https://en.wikipedia.org/wiki/ACID

[10]　Dropbox security white paper（Dropbox 安全白皮書）：
　　https://www.dropbox.com/static/business/resources/Security_Whitepaper.pdf

[11]　Amazon S3 Glacier: https://aws.amazon.com/glacier/faqs/

持續學習

設計一個好系統，需要多年的知識累積。其中一條捷徑，就是深入研究現實世界中的各種系統架構。以下是一些很有用的閱讀資料大集合。我們強烈建議你不只關注相應的技術，也多留意其中一些共通的原則。仔細研究每一種技術，並瞭解所解決的問題，就是增強知識基礎、完善設計程序的好方法。

現實世界中的系統架構

以下內容可協助你瞭解不同公司背後、各種真實系統架構的一般設計構想。

Facebook Timeline: Brought To You By The Power Of Denormalization（臉書時間軸：非正規化的力量所帶來的成果）：https://goo.gl/FCNrbm

Scale at Facebook（對臉書進行擴展）：https://goo.gl/NGTdCs

Building Timeline: Scaling up to hold your life story（打造時間軸：保留你人生故事的一種擴展方式）：https://goo.gl/8p5wDV

Erlang at Facebook (Facebook chat)（臉書的 Enlarge（臉書聊天））：https://goo.gl/zSLHrj

Facebook Chat（臉書聊天）：https://goo.gl/qzSiWC

Finding a needle in Haystack: Facebook's photo storage（在乾草堆中找一根針：臉書的照片儲存系統）：https://goo.gl/edj4FL

Serving Facebook Multifeed: Efficiency, performance gains through redesign
（臉書的 Multifeed 服務：透過重新設計提高效率和表現）：
https://goo.gl/adFVMQ

Scaling Memcache at Facebook（在臉書擴展 Memcache）：
https://goo.gl/rZiAhX

TAO: Facebook's Distributed Data Store for the Social Graph（TAO：臉書社
群圖譜分散式資料儲存系統）：https://goo.gl/Tk1DyH

Amazon Architecture（亞馬遜架構）：https://goo.gl/k4feoW

Dynamo: Amazon's Highly Available Key-value Store（Dynamo：亞馬遜的高
可用性鍵值儲存系統）：https://goo.gl/C7zxDL

A 360 Degree View Of The Entire Netflix Stack（360 度完整檢視 Netflix 相關
技術）：https://goo.gl/rYSDTz

It's All A/Bout Testing: The Netflix Experimentation Platform（完整探討 A／B
測試：Netflix 實驗平台）：https://goo.gl/agbA4K

Netflix Recommendations: Beyond the 5 stars (Part 1)（Netflix 推薦：超越 5
星（第 1 部分））：https://goo.gl/A4FkYi

Netflix Recommendations: Beyond the 5 stars (Part 2)（Netflix 推薦：超越 5
星（第 2 部分））：https://goo.gl/XNPMXm

Google Architecture（Google 架構）：https://goo.gl/dvkDiY

The Google File System (Google Docs)（Google 檔案系統（Google 文件））：
https://goo.gl/xj5n9R

Differential Synchronization (Google Docs)（差異同步（Google 文件））：
https://goo.gl/9zqG7x

YouTube Architecture（YouTube 架構）：https://goo.gl/mCPRUF

Seattle Conference on Scalability：YouTube Scalability（西雅圖可擴展性會
議：YouTube 可擴展性）：https://goo.gl/dH3zYq

Bigtable：A Distributed Storage System for Structured Data（Bigtable：可用於結構化資料的分散式儲存系統）：https://goo.gl/6NaZca

Instagram Architecture：14 Million Users, Terabytes Of Photos, 100s Of Instances, Dozens Of Technologies（IG 架構：1400 萬使用者、好幾 TB 的照片、好幾百個實例、好幾十種技術）：https://goo.gl/s1VcW5

The Architecture Twitter Uses To Deal With 150M Active Users（推特用來因應 1.5 億活躍使用者的架構）：https://goo.gl/EwvfRd

Scaling Twitter：Making Twitter 10000 Percent Faster（擴展推特：讓推特的速度提高 10000％）：https://goo.gl/nYGC1k

Announcing Snowflake (Snowflake is a network service for generating unique ID numbers at high scale with some simple guarantees)（發表雪片做法（雪片指的是一項網路服務，它可以在一些簡單的保證下，大規模生成唯一而不重複的 ID 數字））：https://goo.gl/GzVWYm

Timelines at Scale（大規模時間軸）：https://goo.gl/8KbqTy

How Uber Scales Their Real-Time Market Platform（Uber 擴展即時市場平台的做法）：https://goo.gl/kGZuVy

Scaling Pinterest（擴展 Pinterest）：https://goo.gl/KtmjW3

Pinterest Architecture Update（Pinterest 架構更新）：https://goo.gl/w6rRsf

A Brief History of Scaling LinkedIn（LinkedIn 擴展簡史）：
https://goo.gl/8A1Pi8

Flickr Architecture（Flickr 架構）：https://goo.gl/dWtgYa

How We've Scaled Dropbox（我們擴展 Dropbox 的做法）：
https://goo.gl/NjBDtC

The WhatsApp Architecture Facebook Bought For $19 Billion（臉書斥資 190 億美元收購 WhatsApp 架構）：https://bit.ly/2AHJnFn

各大公司的工程部落格

去公司面試之前，最好先讀一讀他們的工程部落格，並熟悉一下他們所採用與實作的技術與系統。此外，工程部落格還會提供某些領域相關、寶貴而深入的見解。定期閱讀這些內容，可協助我們成為更好的工程師。

以下就是各大知名公司與新創公司的工程部落格列表。

Airbnb: https://medium.com/airbnb-engineering

Amazon: https://developer.amazon.com/blogs

Asana: https://blog.asana.com/category/eng

Atlassian: https://developer.atlassian.com/blog

Bittorrent: http://engineering.bittorrent.com

Cloudera: https://blog.cloudera.com

Docker: https://blog.docker.com

Dropbox: https://blogs.dropbox.com/tech

eBay: http://www.ebaytechblog.com

Facebook: https://code.facebook.com/posts

GitHub: https://githubengineering.com

Google: https://developers.googleblog.com

Groupon: https://engineering.groupon.com

Highscalability: http://highscalability.com

Instacart: https://tech.instacart.com

Instagram: https://engineering.instagram.com

Linkedin: https://engineering.linkedin.com/blog

Mixpanel: https://mixpanel.com/blog

Netflix: https://medium.com/netflix-techblog

Nextdoor: https://engblog.nextdoor.com

PayPal: https://www.paypal-engineering.com

Pinterest: https://engineering.pinterest.com

Quora: https://engineering.quora.com

Reddit: https://redditblog.com

Salesforce: https://developer.salesforce.com/blogs/engineering

Shopify: https://engineering.shopify.com

Slack: https://slack.engineering

Soundcloud: https://developers.soundcloud.com/blog

Spotify: https://labs.spotify.com

Stripe: https://stripe.com/blog/engineering

System design primer（系統設計入門）：
https://github.com/donnemartin/system-design-primer

Twitter: https://blog.twitter.com/engineering/en_us.html

Thumbtack: https://www.thumbtack.com/engineering

Uber: http://eng.uber.com

Yahoo: https://yahooeng.tumblr.com

Yelp: https://engineeringblog.yelp.com

Zoom: https://medium.com/zoom-developer-blog

建議書單

軟體工程的面試相當具有挑戰性，但好消息是，做好正確的準備可以帶來很大的不同。技術面試通常會涵蓋以下這些領域：程式設計、系統設計、物件導向設計。為了協助你找到理想的工作，我們整理了一些可能有用的書籍列表。

《The Tech Resume Inside-Out》（中文暫譯：由內而外探討技術履歷），作者為 Gergely Orosz

一份出色的履歷，就是你在眾多競爭者中脫穎而出的入場券。本書的內容特別經過精心研究，旨在協助你製作出專業的履歷。最好的部分：作者與數十名經驗豐富的技術招聘人員交流，還與多位招聘經理進行實戰，以確保本書真實而有用。公開資訊完整揭露：我認識這位作者。
請造訪：https://bit.ly/3lRLWXh

《資料密集型應用系統設計》（Designing Data-Intensive Applications），作者為 Martin Kleppmann，碁峰資訊出版

這本書被公認為是從事分散式系統、有抱負的工程師必讀的經典之作。最好的部分：本書非常具有技術性，內容包含許多可擴展性、一致性、可靠性、效率、可維護性相關的深入討論。
請造訪：http://books.gotop.com.tw/v_A658

《提升程式設計師的面試力》（Cracking the Coding Interview），作者為 Gayle Laakmann McDowell，碁峰資訊出版

這是程式設計面試的經典讀物。作者總結了許多最受歡迎的程式設計問題、物件導向設計問題、行為問題等等，在這方面做得非常好。最好的部分：這本書包含了許多現實生活中會遇到的程式設計問題，以及詳細的解決方案。
請造訪：http://books.gotop.com.tw/v_ACL046731

後記

恭喜囉！你已來到本面試指南的終點。相信你已積累許多系統設計相關的技能與知識。並非每個人都有足夠的自制力，學好自己想學的知識。請給自己一點時間，給自己一些鼓勵。你的辛勤努力，一定可以獲得回報。

獲得一份夢想中的工作，是一段漫長的旅程，需要花費大量的時間與精力。練習成就完美。祝好運！

感謝你購買閱讀本書。如果沒有像你這樣的讀者，我們的工作便不復存在。希望你喜歡這本書！

如果你不介意，請到 Amazon 評價本書：https://tinyurl.com/y7d3ltbc。這樣可以協助我吸引到更多像你這樣的好讀者。

如果你想在新內容發佈時收到通知，請訂閱我們的電子郵件清單：https://bit.ly/3dtIcsE

如果你對本書有任何意見或疑問，請隨時透過 systemdesigninsider@gmail.com 發送電子郵件給我。此外，如果你發現任何錯誤，請告知我們，我們會在下一版進行修正。謝謝！

內行人才知道的系統設計面試指南

作　　者：Alex Xu
譯　　者：藍子軒
企劃編輯：莊吳行世
文字編輯：江雅鈴
設計裝幀：張寶莉
發 行 人：廖文良

發 行 所：碁峰資訊股份有限公司
地　　址：台北市南港區三重路 66 號 7 樓之 6
電　　話：(02)2788-2408
傳　　真：(02)8192-4433
網　　站：www.gotop.com.tw
書　　號：ACL061200
版　　次：2021 年 09 月初版
　　　　　2024 年 02 月初版六刷
建議售價：NT$580

國家圖書館出版品預行編目資料

內行人才知道的系統設計面試指南 / Alex Xu 原著；藍子軒譯. --
　初版. -- 臺北市：碁峰資訊, 2021.09
　　面； 公分
　譯自：System design interview : An insider's guide.
　ISBN 978-986-502-885-5(平裝)
　1.電腦程式設計　2.個案研究　3.就業輔導
312.2　　　　　　　　　　　　　　　　　110010638